消失的动物：灭绝动物的最后影像

〔英〕埃罗尔·富勒——著
何兵——译

LOST ANIMALS — Extinction and the Photographic Record

重庆大学出版社

For Tessie

目录 —— Contents

Introduction —— 前 言

多年以前，我写过一本书，名为《灭绝的鸟类》（*Extinct Birds*），书里满是插图——这些插图大部分是已灭绝鸟类画像的复制图，其中不乏伟大艺术家的作品。书里也有一些模糊的照片，都是当那些鸟儿还未灭绝时被人拍下来的。

当朋友和熟人们翻阅这本书时，一件意想不到的怪事情发生了。他们当然被高水平的绘画作品所吸引，但同时又深深地着迷于那些照片。他们停下来，静静凝视照片，不时把书举起，凑到眼前仔细端详，以为这样就能看清更多细节，可惜这只是徒劳。几乎每一次，都会有同样的问题出现，“这些照片是真的还是你伪造的？”

事实上，这些照片的质量难免很差，而且没有太多细节，因为大多数照片是在摄影术发明的早期，非常艰难的条件下拍摄的。尽管本身不够诱人，但那些记录着已经永远消失的事物的照片，似乎仍有一股强大的力量。

这就是我写《消失的动物：灭绝动物的最后影像》这本书的原因之一。读者在书中可以看到许多在像素质量上远远不尽如人意的照片。许多照片是在只有黑白摄影的时代拍摄的，在早已习惯了缤纷色彩的今天，人们可能会感到失望。不过，虽然有这些不利因素，这些照片仍能让人们对业已消失的生灵感怀与动容。它们是那么地近在咫尺，几乎触手可及，但永远就差那么一点！

为了稍微弥补一下读者的失望心情，同时在心里勾勒出这些动物的完整外貌，我在正文之后放上了书中大部分动物的精美彩色插图。也有少量动物的画像没有收录，有的是因为插图并没有什么作用，比如加勒比僧海豹；有的是因为照片本身已经能够很好地描绘物种的样貌，比如关岛阔嘴鹟。收录进来的画作，都是关于那些只有黑白照片或者模糊照片的鸟和兽，以便使纠结于这些照片是否真实的读者能够真切地了解动物们的长相。

在看照片的时候，建议读者在心里记着一些事实。首先，拍摄可能是在异常困难的条件下进行的，主角常常是在转瞬即逝的一刹那出现并被拍到。其次，在今天的数码时代，曾经的摄影器材昂贵和摄影过程复杂很容易被忽略。摄影器材非常笨重，而且需要被拉到遥远的、崎岖的地方。光线非常关键，同样关键的是拍摄主体需要保持绝对静止。湿板变干也是个必须攻克的难题，它很可能在拍摄主体到达最佳位置，或者来到足够近的距离之前就干了。同时，摄影师完全没办法知道刚刚拍下的照片是什么样：立刻检视照片在今天已经习以为常，而在当时毫无可能。胶片需要在暗房中“冲印”，而这只能在拍摄地数英里外（或者多日的行程之后）进行。同样值得注意的是，摄影师在当时并不知道他们的照片将会变得多么重要：毕竟，他们也未必能洞察到，在不久的将来，这些物种极有可能灭绝。

有一部分照片的质量尤其差，尽管如此，我也并未尝试用各种现代技

[FIG.01] / PHOTOGRAPHER UNKNOWN /

灭绝了吗？袋狼很可能已经灭绝。虽然这早在1936年就已被认定，但至今仍有传言说有人看到过它们。这两只袋狼是在20世纪的前十年，在华盛顿的一个动物园里拍摄的。

摄影师不详

术去篡改或者修饰。它们就这样被原封不动地展示出来，犹如这些动物们还活着，并为自己代言。举例来说，第159页“马莫”的照片，很难说是一幅优秀的摄影作品，但它以自身的方式展现出某种氛围，可以说，满纸辛酸。

所有可能会感到失望的读者，都应在观看时记住这几个因素。希望你们能接受它们真实的样子，以及它们所代表的意义。

许多照片拍摄的情景常常是有趣或奇妙的，但也有一些背后的故事几乎不为人知。不出所料，有些照片是在动物园拍的，但大多数却拍摄于其他情景中。

出乎意料的是，有时候想要弄清楚一张照片到底是谁拍的，或者什么时候、在什么地点拍的，非常困难。参考书和互联网是重要的工具，但它们有时会提供相互矛盾的信息，互联网尤其容易造成误导。有些个人或机构常常声明某张照片是属于他们的，但真实情况却并非如此。好比第142页黑胸虫森莺（Bachman's Warbler）的照片，在互联网上出现了多个作者的名字，他们似乎都想得到点名分，而真相貌似是一位名叫J.H.迪克

[FIG.02] / PHOTOGRAPHER UNKNOWN /

粉头鸭，另一个人们仍然时常抱有幸存期望的物种。这种期望很可能是绝望，但试图在偏远地区寻找幸存粉头鸭的调查依然不时开展。这张有十只粉头鸭的照片摄于1929年，地点位于英格兰萨里郡的FOXWARREN公园，这里养着许多具有观赏性的水鸟。彼时，粉头鸭很可能已经在它的家乡——印度和亚洲的其他国家灭绝了。

摄影师不详，但有可能是著名的印度鸟类学家萨利姆·阿里
照片承蒙弗兰克·S.托德提供

（J.H.Dick）的绅士于 1958 年拍摄，但这也并非百分百确定。

在任何关于灭绝物种的著作里，如何界定一个物种是灭绝还是没有灭绝的问题总会冒出来。对于许多物种而言，人们总是希望，仍有一些个体在某些偏僻的地方幸存着。袋狼（Thylacine）、粉头鸭（Pink-headed Duck）和极乐鹦鹉（Paradise Parrot）就是这些一厢情愿的典型代表。也许它们还存活着，但已灭绝的可能性要高得多。好比最近人们密切关注的象牙嘴啄木鸟（Ivory-billed Woodpecker），许多人声称它依然幸存（正如大多数人的期待），然而最终证明不是。

关于种和亚种的界线，也是另一个常常引起争论的话题。因此本书没有收录那些通常被认为是某些现存物种的已灭绝族群。

但也有两个引人注目的例外，分别是斑驴（Quagga）和石南鸡（Heath Hen），它们都是现存物种的亚种。之所以被收录进来，是因为它们都在关心灭绝物种的人们的脑海里留下了清晰的印记，同时，由于它们也都有相当好的照片，好像不列进来有点愧对它们。假如这种前后不一使人觉得不高兴，那也就只好如此了……

本书选择的动物只包括鸟类和哺乳动物。若要把爬行动物、两栖动物、鱼类、无脊椎动物或植物都考虑进来，多少有点问题，这无论如何都将是个大课题，足以成为另外一本书的内容了。

影像记录有着明显的空白，许多人们关注的鸟兽都没有照片，灭绝的哺乳动物尤其缺乏记录。而鸟类似乎更能吸引摄影师的注意，尽管那些最为瞩目的灭绝鸟类——比如渡渡鸟（Dodo, *Raphus cucullatus*）——从未被拍到过照片，只恨它们消失得太早。其次就是著名的大海雀（Great Auk , *Alca impennis*），它几乎已经要活到“影像时代”了，可最终还是差一点。已知最后一对大海雀在冰岛的埃尔德岩（Eldey）被杀害，时年 1844 年。就在同一年，威廉·福克斯·塔尔博特（William Fox Talbot，1800—1877）出版了人类历史上第一本摄影书籍《自然的画笔》（*The Pencil of Nature*）。

令人诧异的是，一些相对晚灭绝的物种竟也没有被拍到过照片。比如新西兰的黄嘴垂耳鸦（或译：兼嘴垂耳鸦）（New Zealand's Huia，*Heteralocha acutirostris*），直到20世纪初才灭绝，有一些还被人养殖过。伦敦动物园里甚至保存有它的画像，但它就是没有留下任何影像，至少目前还没人发现它的照片。

同样没有照片的灭绝物种还有很多。而这本书只包含了那些有照片的灭绝动物。

在此可能有必要提个小醒。网络上充斥着许多声称是灭绝物种尚存时的照片，但其实往往是完全不同的东西。通常这些错误来自误导，抑或缺乏经验，而不是有意行骗。当然，有时也不排除有故意的欺骗行为。

虽然个别物种有很多照片流传（例如袋狼），但对绝大多数物种来说，本书中呈现的照片就是它们仅有的遗存。或许还有其他照片，但基本上已无迹可寻。不过，正如帝啄木鸟（Imperial Woodpecker）的胶卷视频和最近发现的象牙嘴啄木鸟的档案照片所表示的那样，更多真相一定还藏在哪里，等待人们去发现！

[FIG.03] / PHOTOGRAPHER: JAMES TANNER /

詹姆斯·坦纳（James Tanner）于1938年3月6日拍摄的系列照片之一，展示了一只年轻的象牙嘴啄木鸟在其同事J.J.库恩（J. J. Kuhn）的衣袖上。这张特别的照片及其系列组照是在2009年才由坦纳的遗孀南希和斯蒂芬·林恩·贝尔斯（Stephen Lyn Bales）发现的。后者是《精灵之鸟》（*Ghost Birs*，2010）的作者，该书描述了这个物种和坦纳为拯救它而做出的努力。

ONE OF A SERIES OF PHOTOS TAKEN BY JAMES TANNER ON MARCH 6TH，1938
照片由南希·坦纳提供

[FIG.03] / PHOTOGRAPHER: JAMES TANNER /

The crux of the matter ...
is not who or what kills the last individual.
That final death reflects only a proximate cause.
The ultimate cause, or causes, may be quite different.

The toilet of destiny has been flushed.

David Quammen

[FIG.04] / PHOTOGRAPHER WALTER K.FISHER /

一只在巢中的雷仙岛秧鸡。
照片由沃尔特·K.费舍尔摄于1902年5月，由丹佛自然和科学博物馆（Denver Museum of Nature and Science）授权使用。
该物种于第二次世界大战即将结束时灭绝。

IN MAY, 1902

© DENVER MUSEUM OF NATURE AND SCIENCE.

问题的症结……
不在于是谁或者是什么杀死了最后那只动物。
最后的死亡反映的只是直接原因，
而根本的原因可能与之大相径庭。

○

当死神降临到最后一只动物身上，
这个物种早已在生存战争中吃了太多败仗……
它的进化适应能力基本丧失。
在生态学意义上，
它已是奄奄一息。
所有的因素，包括纯粹的运气，都在与它作对。

命运如同马桶里的水，
冲泄而下。

［大卫·夸曼］
David Quammen

01

巨鸊鷉

No.01

Atitlán Giant Grebe

Podilymbus gigas

有时候，一个物种的灭绝可以追溯到某个单一的原因。当然，更多的时候则是由多个因素共同造成。但在阿提特兰湖巨鸊鷉的故事里，却涵盖了所有可能的因素：谋杀、栖息地被破坏、政治原因、外来物种引进、近缘物种杂交导致基因流失、旅游的影响、污染、战争、地震。

了不起的是，在它灭绝前的最后几年，整个过程的所有细节都被详细地记录了下来，记录者名叫安妮·拉巴士蒂尔（Anne LaBastille,1935—2011），一位狂热的致力于物种保护的女性。在无数的杂志文章和学术论文里，她详细叙述了自己如何从灾难中拯救这种鸟儿的故事，并请求人们对她的事业给予帮助。最终，当这个物种彻底消失后，她写了一本高度个人化的书——*Mama Poc*（*poc* 是这种鸟发出的叫声）——于 1990 年出版，书中详细记录了她为拯救这个物种而进行的绝望的努力。

[FIG.05] / PHOTOGRAPHER DAVID G.ALLEN /

摄影师拍摄的巨鸊鷉系列照片之一。

[FIG.O6]
安妮·拉巴士蒂尔和一只瘦弱的幼年巨䴙䴘，她想尽力养育它，直至它恢复健康。

尽管被称为“巨”䴙䴘，但按照许多鸟类的标准来看，它有点名不副实。它的体长约 20 英寸（50 厘米），只能说在䴙䴘家族里，它是个大家伙。事实上，它是一种大型的、不会飞的䴙䴘，由分布更广但体型较小的斑嘴巨䴙䴘（*Podilymbus podiceps*）演化而来。很久以前，一群斑嘴巨䴙䴘偶然来到阿提特兰湖，没人知道为什么，但它们留了下来。在随后的几千年光阴里，它们逐渐失去飞翔的能力，体型也慢慢变大。也许是因为较大的体型能让它们在水下停留更久，以便更好地在这个特别的湖泊里觅食。不过，很可能这种“巨型”䴙䴘只是在这里独立演化，在其他任何地方都没有。

1929 年，这个物种被首次发现并加以科学描述，但关于它的信息几乎是一片空白，直到 1965 年，拉巴士蒂尔女士来到这里。五年之前的一次调查显示，它的种群有 200~300 只个体，虽然数量很少，当时却被认为是个稳定种群。然而，就在这次调查和安妮·拉巴士蒂尔到来之前这五年间，“稳定”种群就已经衰退，仅剩下 80 只巨䴙䴘。一个最直接的原因就是：当地人以惊人的速度砍伐芦苇丛——仅仅是为快速发展的草席制造业提供原料——而芦苇丛正是䴙䴘筑巢的地方。也有其他原因，泛美航空——如今已不存在的一家美国航空公司——当时正在开发阿提特兰湖，作为钓鱼爱好者的旅游景点。但是，这个计划最大的问题在于：湖里并没有任何适宜垂钓的野生鱼类！为了弥补这个明显的缺陷，一种特意甄选的鱼被引进到这里。光是听到这种鱼的名字，就足以推断出严重的后果：大嘴鲈鱼（大口黑鲈）。刚一引入，它们就开始觊觎湖里的螃蟹和小鱼，与仅存的数量极少的䴙䴘竞争食物。而且几乎可以肯定的是，这种鱼有时候还会吞食有着斑马纹的䴙䴘幼鸟。

安妮开始着手克服这重重困难。她没有回美国老家，而是留在了这里，设法提升䴙䴘的知名度，同时为保护工作筹集资金。与此同时，她在湖边建立了一个庇护所。大约在这个时候，她引起了《国家地理》杂志的关注，杂志派出一位名叫大卫·G. 艾伦（David G. Allen）的独立摄影师来拍摄这种鸟。

为了有机会拍到更好的照片，艾伦安排了一个月的拍摄时间。为完成拍摄，艾伦需要一个带有平台和掩体的高塔，于是一个用薄木板建造并用竹子支撑的高塔被搭建起来，放置在靠近一对䴙䴘筑巢并刚刚产完卵的地点。摄影师的敬业精神给拉巴士蒂尔女士留下了深刻的印象，她后来写道：

> 自从高塔、平台和掩体都搭建好之后，我们就再难见到大卫。每天黎明，阿曼多（安妮的助手）就带他乘船渡过湖泊，护送他进到掩体里，然后自己离开。这样的话，即使鸟儿看到了他们，也会认为两个入侵者都已离开——鸟类可不会算数！想知道大卫是否还活着，唯一的方法就是看看掩体上方有没有香烟烟雾冒出来——他几乎烟不离嘴。每天到了下午晚些时候，阿曼多又去把他接回来。我从没有见过一个摄影师像大卫·艾伦这样辛苦工作，他赢得了我极大的敬意。

奇怪的是，尽管照片质量非常好，而且这个主题本身又很有意义，可这些照片最终并没有在《国家地理》杂志上发表。

在安妮·拉巴士蒂尔到来后的八年里，巨䴙䴘种群数量回升到了200只。但是，新的威胁又来临了。尽管当地居民已经做出让步，不再破坏芦苇丛，但是来自危地马拉市的新居民却不这么做。他们在湖边修建住房，并且把房屋和湖岸之间的所有植被全部清除掉。另一些“新居民”则是鸟儿。斑嘴巨䴙䴘在这里找到了机会，全新的环境和它们大个子的亲戚脆弱的生存状况，都为它们提供了生机。某些斑嘴巨䴙䴘也许碰巧迷失在这个区域，然后就留了下来。由于会飞，它们比阿提特兰巨䴙䴘更稳健，更有活力。它们不仅争夺食物，而且一些个体开始与本地种群杂交，这也就启动了通过杂交繁殖使原种群灭绝的程序。

20 世纪 70 年代中期，当地一场严重的自然灾害导致大约 22 000 人死亡，灾难还造成了其他鲜为人知的后果。这场天灾是地震，它使阿提特兰湖的湖面高度降低了 20 英尺（约 6 米）。巨䴙䴘的栖息地也因此变高、变干，急需移植大量的芦苇。此时，一位名叫埃德加 · 鲍尔（Edgar Bauer）的人协助参与了这场行动，为拯救巨䴙䴘项目提供了极大的帮助。然而，就在此时，埃德加却不幸被刺客枪杀！在最需要帮助的时候，拉巴士蒂尔失去了最好的支持者。那时，危地马拉的政治局势异常紧张，因此没有人敢站出来代替埃德加的角色。

到 1980 年，只剩下 50 只阿提特兰巨䴙䴘。三年后，数量进一步下降到 32 只。为拯救巨䴙䴘，已经到了最后一搏的时候：它们将被全部围起来。

[FIG.07] / PHOTOGRAPHER DAVID G.ALLEN /

大卫·G. 艾伦从掩体和高塔上俯视而拍的鸟巢照片之一，巢中有两枚卵和一只刚孵出的雏鸟。

ONE OF DAVID G.ALLEN'S PHOTOGRAPHS OF THE NEST THAT HIS HIDE AND TOWER OVERLOOKED

Photographed by David G. Allen

[FIG.07]

[FIG.08] / PHOTOGRAPHER DAVID G.ALLEN /

一只雌性巨䴙䴘，刚刚潜水觅食后浮出水面，
大卫·G. 艾伦摄

A Male Atitlán Giant Grebe

[FIG.09]

/ PHOTOGRAPHER DAVID G.ALLEN /

一只雄性巨鸊鷉，大卫·G. 艾伦摄。

但就在围它们的时候，一些鹏鹛竟然腾空飞了起来，轻松地逃离。它们已不再是纯种的阿提特兰巨鹏鹛，而是具有飞翔能力的杂交物种。

1978 年，尽管依然可能有少量纯种阿提特兰巨鹏鹛还活着，它还是被宣布为生物学意义上的灭绝——假如并非事实上灭绝的话。拉巴士蒂尔女士写道：

从此阿提特兰湖上再也无须种群统计。

There will be no need ever to run census again on Lake Atitlan.

Atitlan Giant Grebe
Podilymbus gigas

02

德氏小鸊鷉

№.02

Alaotra Grebe

Tachybaptus rufolavatus

虽然德氏小鸊鷉直到最近才灭绝，但它好像也只有一张照片存世——而且还不太清晰。然而，从各方面来看，这都是非同寻常的：它的存在，仅仅是靠着一个人的努力，这人叫作保罗·汤普森（Paul Thompson）。

迄今所知，这种娇小的鸊鷉（体长约 25 厘米）仅分布于马达加斯加东北部的阿劳特拉湖及其周边几个湖泊。见过它的博物学家屈指可数，而关于它的信息也极度缺乏。数十年来，马达加斯加这个神奇的岛屿可以说遭受了严重的生态灾难，而德氏小鸊鷉只是众多受害者中的一种。

这张唯一的照片拍摄于 1985 年 9 月，此时保罗·汤普森正在参与一次由某个野生动物保护机构资助的野外考察。考察期间，他来到阿劳特拉湖。在什么样的情况下，怎么拍到这张照片的呢？他这样描述道：

> 在那儿的第一天，我们和几个小伙子乘一艘小独木舟（平底小船）出发。但是独木舟渗水严重，我们还算运气好，才没有沉下去。于是，第二天我就没带相机……谁知我们却换了一艘好得多的独木舟……而我也错失了许多很好的拍摄机会……最后一天早上，我们乘坐一艘比较合适的独木舟，可是戴夫（保罗的同伴）却生病了，我就只能在有限的时间里拍摄。我们记录到所有三种（分布在那里的）䴙䴘，其中一些我们觉得是德氏小䴙䴘与其他种类的杂交后代。我把（照片的）使用权授予了国际鸟盟（Birdlife）。

保罗觉得他理应多拍些德氏小䴙䴘的照片，可是许多年过去了，他对此事的念想逐渐褪去，国际鸟盟的档案柜里也没能再增加这一物种的照片。1987 年底到 1988 年初，他又再次回到阿劳特拉湖，却没有任何发现。他不仅是唯一一个拍到过德氏小䴙䴘的摄影师，还可能是最后一个亲眼见过它的鸟类学家——此后的多次目击记录，最终都被认定为是杂交的。与阿提特兰湖的巨䴙䴘一样，这种䴙䴘也与它的近亲种发生了杂交——在这里是与小䴙䴘(*Tachybaptus ruficollis*)杂交——直到它的血缘几乎完全被清除。

在䴙䴘家族中，不同种之间的杂交显然是一件很平常的事。这个家族有超过 20 个不同的物种，其中一些的亲缘关系非常接近。偶尔，某种䴙䴘会拓殖到一个孤立的湖泊，随着时间的推移，它们将逐渐演化出一些特征，使之与原来的族群区别开来。此后，如果又有一个拓殖浪潮使其原始族群入侵到这里，这两个族群就可能发生杂交。而入侵者的基因库通常更有活力，因此最终常常是第一批殖民者被后来者消灭。这似乎是德氏小䴙䴘灭绝的原因之一，当然，肯定不是唯一的原因。保罗在自己的记录里提到，他在阿劳特拉湖上见到过杂交䴙䴘，但同时也非常肯定地见过纯种德氏小䴙䴘。

过度捕鱼造成食物资源短缺，渔民使用的捕鱼设备可能导致鸟儿被缠绕，以及环境恶化和一种肉食性鱼类的引进，都是导致德氏小䴙䴘灭绝的

Taken during 1985 in rather difficult circumstances, it seems to be the only one in existence.

原因。在这些方面，它与阿提特兰巨䴙䴘极其相似。造成其生存困境的另一个因素是进化导致了其翅膀变小，因此飞行能力很弱。这意味着，当阿劳特拉湖的环境变得不适合生存时，它却没有能力转移到更适合它生存的地方去。

通常来说，宣告一个物种灭绝，需要等最后一次目击该物种之后数十年时间来确认，然而在这里却是个例外。在最近几次对该地区的调查，以及对所有信息进行评估之后，来自国际鸟盟（致力于濒危鸟类保护的机构）的莱昂·班南（Leon Bennun）宣布：

这个物种再也没希望了。

No hope now remains for this species.

[FIG.10] / PHOTOGRAPHER PAUL THOMPSON /

保罗·汤普森拍摄的德氏小鸊鷉
摄于1985年，在非常困难的条件下拍摄，是该物种现有的唯一一张照片。
其后，人们就只发现过杂交的鸊鷉，而目前就连杂交的鸊鷉都已经消失。

COURTESY OF PAUL THOMPSON AND BIRDLIFE INTERNATIONAL
照片由保罗·汤普森和国际鸟盟提供

Alaotra Grebe
Tachybaptus rufolavatus

03

粉头鸭

NO.03

Pink-headed Duck

Rhodonessa caryophyllacea

粉红，是所有鸟类中最不寻常的颜色，而粉头鸭却有着醒目的粉红色头部和颈部。这可能就是那些热衷于重新发现灭绝动物的人，仍然希望找到它的原因之一。从最后一次可靠的野外观察记录到今天，四分之三个世纪已经过去了，但试图再次找到它们的考察行动仍然时不时展开。尽管至今没有一次考察是成功的，但也许人们仍不甘心。

在19世纪，粉头鸭生活在恒河和布拉马普特拉河下游平原星罗棋布的沼泽、河流和芦苇地之中。它并不很常见，但也不是特别稀少。在浩浩荡荡的大江下游，低地沿着两岸广泛延伸，由于地势险要——溪流与河道之间布满大片沼泽地——大部分地方都无法通行，此地也未被考察过。但现在一切都变了。在一个曾被称为孟加拉（Bengal）的地方，那里满是老虎出

[FIG.11] / PHOTOGRAPHER IS UNCERTAIN /

1929 年，位于福克斯沃伦公园的 10 只粉头鸭。摄影师未知，但有可能是著名印度鸟类专家萨利姆·阿里 (Salim Ali)。这张照片（和另一张类似的照片）在近几年接受了各种现代调整和上色处理，来强调它们粉红的头部。

COURTESY OF FRANK S. TODD
由弗兰克 · S. 托德 (Frank S. Todd) 授权使用

[FIG.12]

[FIG.13]

[FIG.12/13]

/ PHOTOGRAPHER DAVID SETH-SMITH /

两张粉头鸭的照片。照片由大卫·赛斯－史密斯于1926年在位于萨里郡的福克斯沃伦公园拍摄。

SURREY IN 1926

没的丛林和湿地，而现如今是孟加拉国的一部分。湿地已被抽干，并受到一定程度的人为调控（尽管洪涝灾害时常发生），人类定居和农田开垦，加上人口数量的持续增长，使得荒野逐渐退缩。这些地方如今已成为地球上人口最密集的地区之一。大概就在所有这些发展和变化之间，粉头鸭悄然消逝了。

粉头鸭非常胆怯和机警，很难从藏身之处被驱赶出来，因此不同于其他野鸭，它们不是传统的狩猎对象。它们也不是人们特别追捧的餐桌美味，至少对英国殖民者而言是如此，不过饥饿的当地居民估计不大可能会拒绝它。真正引起英国人兴趣的似乎是它头颈部那奇特的颜色，以及由此而唤起的好奇心。

在 19 世纪的最后 25 年间，虽然还能时常见到粉头鸭，但其种群似乎已经开始衰退。衰退一旦开始，速度就非常之快。在 20 世纪的头十年，人们就已注意到粉头鸭在日趋减少，到 20 世纪 20 年代，它已几近灭绝。最后一次确切的野外目击似乎是在 30 年代中期看到的。

粉头鸭灭绝的原因并不清楚。过度狩猎不太可能严重到成为一个致命的因素，而当种群开始衰退时仍有大量的土地尚未被破坏——事实上到现在都还有。除了孟加拉之外，这个物种还生活在印度东北部的阿萨姆邦和缅甸的局部地区。因此，一定有某种人们全然不知的因素，对粉头鸭造成了如此剧烈的影响。

考虑到粉头鸭在 20 年代就已经实质性地消失了，因而当人们发现阿尔弗雷德·埃兹拉（Alfred Ezra，1872—1955）曾在 1926 年于英格兰南部收到过一个有三对活体粉头鸭的托运邮包时，十分惊讶。埃兹拉从他在加尔各答的兄弟那里获得它们，他对印度鸟类有着特别的兴趣，还在自己家里——位于萨里郡的福克斯沃伦公园（Foxwarren Park）——建立了一个非常壮观

[FIG.14] / PHOTOGRAPHER DAVID SETH-SMITH /

在 20 年代和 30 年代期间，数只粉头鸭连同其他水禽被囚禁在位于英格兰萨里郡的福克斯沃伦公园，距其原生栖息地印度、缅甸颇为遥远。1926 年，大卫·赛斯 – 史密斯在福克斯沃伦拍摄了这些鸭子，他曾经为动物园里的动物拍摄过照片，为野生动物绘制过画像，也围绕自然历史和相关主题撰写过书籍和期刊文章。这张照片显示了一只雄性（左）和一只雌性粉头鸭，清晰地反映了它们脖颈直立的典型特点以及相当独特的头部形状。这些被捕获的鸭子很可能比它们的野生同伴还活得长。

IN MAY , 1902

© DENVER MUSEUM OF NATURE AND SCIENCE.

的水禽收集园 。更为不可思议的是，三年后他又收到十只粉头鸭。他把其中四只送给了朋友让·德拉库尔（Jean Delacour，1890—1985），一位法国的水鸟爱好者。它们从哪里来？当时似乎并没有记录下来，而今记得此事的人也早已不在。

福克斯沃伦公园里养的这些鸭子活得倒是很健康，可是却没能繁衍成功，而且显然也没有尝试繁殖。德拉库尔养在法国克莱尔家中的那几只也同样没有繁殖。这可能是因为它们与其他水禽待在一起的缘故，这一因素影响了它们的繁殖。

大卫·赛斯－史密斯（David Seth-Smith，1875—1963）在福克斯沃伦看到了这些鸭子，他对动物园和里面的动物都非常感兴趣，于是在 1926 年间，拍了一些照片。虽然是黑白照片，没办法显示出那显眼的粉红色，但还是清楚地展示了粉头鸭的样子。

时光流逝，埃兹拉圈养的鸭子逐渐死去，它们在法国的同伴也一样。可是最后一只鸭子死去的日期却成了谜。1936 年可能是最准确的，但有些权威人士说是 1939 年，还有些说是 1945 年。谁知道究竟是哪年呢！不过话说回来，这已经不重要了。

1936
1939
1945

No.04

Heath Hen Tympanuchus cupido cupido

04

▶ 石南鸡

№.04

Heath Hen

Tympanuchus cupido cupido

石南鸡无疑只是草原松鸡的一个种群，而草原松鸡目前仍然存在。然而，就像斑驴（见本书第 202 页）一样，它在动物学文献和历史中都留下了清晰的印记，以至于如果把它排除在外的话，显然是一种遗漏。的确，要说它是灭绝鸟类中最引人瞩目的一个也绝不为过。这是因为——至少部分因为，它是美国东海岸的“居民”，它的故事也是最富戏剧性的，而它留下的照片恰恰是整个种群的最后一只个体。阿尔弗雷德·O. 格罗斯（Alfred O. Gross）拍摄了这些照片，他热心于石南鸡，并为拯救最后几只鸟做了长期而艰苦卓绝的斗争。

草原松鸡（*Tympanuchus cupido*）这个物种，曾经非常广泛地分布于北美大平原。鸟类学家将其分为几个亚种，其中三个亚种生活在北美西部，

[FIG.15-2O] / PHOTOGRAPHER : PAUL THOMPSON /

六张格罗斯拍摄的照片，摄于1927年3月28~29日，收录在他的专著《石南鸡》（1928）中，该书由波士顿博物学协会（The Boston Society of Natural History）出版。

MARCH 28th & 29th 1927

© THE BOSTON SOCIETY OF NATURAL HISTORY

而第四个（*Tympanuchus cupido cupido*）却生活在东部大西洋海岸一带。西部族群被称为草原松鸡，而东部族群就被称为石南鸡。大概是因为东部迅速增长的人口，石南鸡很快就丧失了大部分的栖息地。而且，由于肉肥味美，鲜嫩多汁，又很容易被找到，它们自然被大肆猎捕。而成群聚集在空旷之地的习性，使它们极易暴露在猎人的枪口之下。除此之外，它们还对家鸡传播的疾病非常敏感。

在 19 世纪的某个时刻，石南鸡就已彻底从北美大陆消失。但它们还没有灭绝。

一个小种群依然生活在马萨诸塞州科德角以南的一个小岛上。岛的名字叫“玛莎的葡萄园”（Martha's Vineyard），这名字本身就是一个谜，没人确切的知道“玛莎”是谁。这是美洲一个古老的英格兰地名，17 世纪早期由探险家巴塞洛缪·戈斯诺德（Bartholomew Gosnold，1572—1607）命名。据说，玛莎可能是他早逝的女儿的名字。

[FIG.21]

[FIG.22]

在“玛莎的葡萄园”，大约有 100 只鸡幸存。这个残存的小种群引起了许多保护者的兴趣和支持。由于人们的不懈努力，石南鸡种群逐年增长。到 1916 年时，数量已经达到 2 000 只。

但就在此时，灾难降临了。1916 年 5 月 12 日，一场大火席卷了石南鸡的主要繁殖地。许多鸟儿死掉了，保护者的努力化为泡影。幸存下来的大多是雄鸟，但即便如此，种群还是在极力恢复，数量也略有增加。悲伤的是，这一点点增加只是暂时的。由于雌鸟太少，种群的繁殖能力有限。

[FIG.23] / PHOTOGRAPHER : ALFRED O. GROSS /

格罗斯拍的第三张"本兴旺"，
最后一只石南鸡。

BOOMING BEN THE LAST OF HIS KIND

[FIG.21] / PHOTOGRAPHER : GEORGE W. FIELD /

一只雄性石南鸡在进行求偶展示，
由乔治·W. 福尔德 (George W. Field) 拍摄，
时间不详。

[FIG.22] / PHOTOGRAPHER : ALFRED O. GROSS /

另一张格罗斯拍摄的照片，
最后一只石南鸡在他的隐蔽处附近漫步，
1929 年。

IN 1929

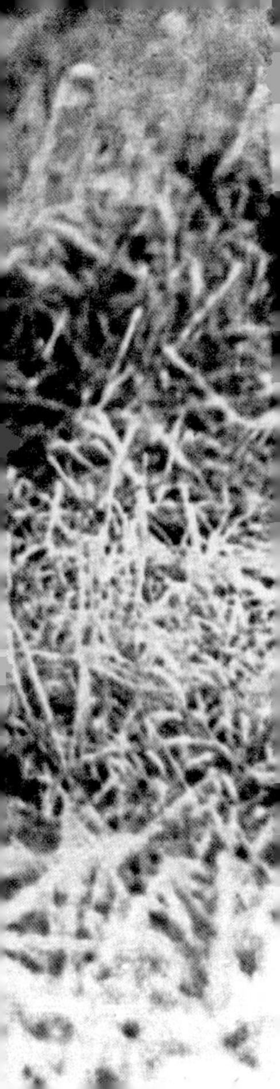

[FIG.25]

[FIG.26]

而许多鸟又被一种神秘的疾病夺去了性命，也许是近亲繁殖加剧了疾病的影响。随后，种群数量急剧减少，到 1929 年初，就仅剩下一只。这是一只雄鸟，喜欢它的人们给它取名为“本兴旺”（Booming Ben）。阿尔弗雷德·格罗斯为它拍了许多照片。它最后一次出现的时间是 1932 年 3 月 11 日。

Rail
Gallirallus wakensis
Island Wake

05

威克岛秧鸡

No.05

Wake Island Rail
Gallirallus wakensis

威克岛是个弹丸之地，这个长约3千米的V字形小岛，镶嵌在从北美到亚洲大约三分之二距离的太平洋中央。它是一个由三个岛构成的环礁的一部分——另外两个分别是皮尔岛（Peale）和威尔克斯岛（Wilkes）——全岛都没有海拔超过6米（20英尺）的地方。和其他许多不起眼的太平洋小岛一样，它们也成了第二次世界大战时恐怖的战场。而这一切，对威克岛的一位鸟类居民造成了惨烈的后果。

第二次世界大战爆发前几年，这种小动物——秧鸡家族的一位成员——被驻扎在岛上修建飞机跑道的美国军人发现。好奇的军人们带着强烈的兴趣观察它攻击寄居蟹。其中一位名叫威廉·斯蒂芬·格鲁奇（William Stephen Grooch,1890—1939）的写道：

> 寄居蟹的主要天敌是一种被称为“无翅秧鸡”的小鸟，它全身灰棕色，只比麻雀大一点点……这小家伙虽然看起来很温顺，却是个勇猛的斗士。我见过一只秧鸡攻击寄居蟹，速度之快，使后者根本来不及钻回壳里。只见秧鸡闪电般啄向寄居蟹的下颌，只消几下，寄居蟹就一命呜呼了。随后秧鸡就和它的同伴们享用美味。当……我们在皮尔岛（这种秧鸡也出现在皮尔岛，但似乎没有分布在第三个岛——威尔克斯岛）泵起五六百加仑水，在地上形成一个大而浅的水坑，几十只秧鸡就聚集到这里来借机洗澡，它们在水中嬉戏，看起来非常享受。

格鲁奇（或者他的某个同伴）拍了张照片，精确地展示了一只秧鸡恰如他描述的那样啄食寄居蟹。照片后来刊登在他的著作《飞向亚洲的天路》（*Skyway to Asia*,1936）中。

[FIG.27] / PHOTOGRAPHER : AN AMERICAN SERVICEMAN /

一只威克岛秧鸡正在攻击寄居蟹。
该照片由一位美国军人于 20 世纪 30 年代中期在威克岛上修建飞机跑道时拍摄，引自格鲁奇的书。

THE MID - 1930s

[FIG.28] / PHOTOGRAPHER：UNKNOWN /

两只威克岛秧鸡正享受着美国客人造访时的幸福时光。
摄于20世纪30年代，摄影师佚名。

IN THE 1930s

秧鸡科的许多成员都有强烈的迁徙扩散倾向，它们常常飞行遥远的距离，只为寻找新的领地。红眼斑秧鸡（Banded Rail, *Gallirallus philippensis*）的一群成员——或者它们的祖先——曾经飞越了太平洋，在一些与世隔绝的偏僻岛屿上定居。此后，它们逐渐适应新的环境，并开始了稳定的演化。当觅食变得更加容易了，它们就发展出能活得更舒服的特征，同时失去不再需要的习性。通常来说，这意味着失去飞行的能力，因为那里可能并没有哺乳动物天敌，从而也不需要“逃跑”。最终，这些移民变成了

与其最初殖民的祖先截然不同的样子。虽然亲缘关系仍然可以追溯，但由于差异已经足够大，它们就成了全新的物种。威克岛秧鸡就是这样。它们的翅膀退化了（这就是为何格鲁奇描述它们为“无翅秧鸡”），体型变得比祖先更小。同时，羽毛颜色也变得暗淡，失去了祖先身上靓丽的斑点。

问题是，为什么一种特别适应岛屿生活的物种会走向灭绝呢？答案很简单，时移世易，环境也跟着变了。对岛屿生物来说，通常这种变化与人类的到来和随之而来的贪婪的捕食者（老鼠、猫，尤其是狗）有关。它们可能是意外跟来，也可能是被有意带来。不过，在这个故事里，美国军人在20世纪初来到这座杳无人烟的岛屿时，他们倒是特别喜欢这些新的伙伴。然而，另一个威胁因素——战争也接踵而至。

美国于1941年底卷入第二次世界大战，很快，他们位于威克岛的军事基地就被日军占领。但没过多久，岛上的驻防部队就和日本的军事系统完全隔绝了，士兵们被留在岛上自谋生路。没有补给，只能四处寻找任何能吃的东西，但在威克岛这样的弹丸小岛上，能吃的可不多。饥饿的人们注意到了秧鸡。然而秧鸡却丝毫没有面对人类猎捕的经验，退化的飞羽无法保障它们的安全，鸟儿们似乎难逃一劫。在面对一个人捕捉的时候，它们还是能够迅速跑开。可是当两三个人一起围追时，秧鸡很快就束手就擒。就这样，它们被一个接一个地捕捉，然后被吃掉。此外，岛上激烈的轰炸也使秧鸡种群遭到重创。

1945年底，美军重新夺回威克岛，而秧鸡却一只也没有了。

06

雷仙岛秧鸡

№.06

Laysan Rail

Porzana palmeri

雷仙岛秧鸡的故事离奇而又充满戏剧性。它们曾经生活的岛屿是如此遥远，又是如此渺小，若不是由于意外，水手们都没有任何理由来到这里。1828 年，一艘俄罗斯船只在这里登陆，此时这个“小居民”就被注意到了。不过在随后的六十余年里，它们一直平静地生活着。

1890 年，一个奇特的机缘，使得一支探险队来到雷仙岛。这次探险由痴迷于自然历史的收藏家沃尔特·罗斯柴尔德（Walter Rothschild，1868—1937）资助。他想编写一本关于夏威夷群岛鸟类的专著，却没想到被另外两位作者抢了先机，由 S. 威尔逊（S. Wilson）和 A. 埃文斯（A. Evans）合著的一卷《夏威夷鸟类志》（*Aves Hawaiienses*，1890—1899）率先出版。竞争态势加剧，罗斯柴尔德十分恼火，他突发一个古怪的念头，

[FIG.29] / PHOTOGRAPHER：ALFRED M. BAILEY /

雷仙岛秧鸡最知名的一张照片，
阿尔弗雷德·M. 贝利摄于 1912 年 12 月，
由丹佛自然科学博物馆授权使用

IN DECEMBER 1912
© DENVER MUSEUM OF NATURE AND SCIENCE

[FIG.30] / PHOTOGRAPHER：WALTER K. FISHER /

一只在巢中的雷仙岛秧鸡。
沃尔特·K. 费舍尔摄于 1902 年 5 月。
由丹佛自然科学博物馆授权使用。

IN MAY 1902
© DENVER MUSEUM OF NATURE AND SCIENCE

觉得应该为自己这本精美的著作——全是由著名艺术家约翰·杰拉德·科尔曼（John Gerrard Keulemans）手绘的漂亮图版——取一个截然不同但又容易引起误解的名字。他将此书命名为《雷仙岛及其邻近岛屿的鸟类区系》（*The Avifauna of Laysan and the Neighbouring Islands*，1893—1900），所谓“邻近岛屿”实际上就是整个夏威夷群岛。于是，这部鸿篇巨著就这样以一个仅 3 千米长、1.5 千米宽的袖珍小岛来命名，而大得多也重要得多的夏威夷群岛（实际上也是这本书的主体）就被轻描淡写地称为“邻近岛屿”。

为了证明“雷仙岛”作为书名是当之无愧的，富可敌国的罗斯柴尔德派他的代理和采集者一起去到雷仙岛，要求他们做一次彻底的调查。当然，他们就在那儿发现了秧鸡，而且数量还不少，估计约有 2 000 只。采集者来来往往，除了为罗斯柴尔德的博物馆采集了一些标本之外，并没有对种群造成实质性的伤害。

又过了大约十年，秧鸡始终无忧无虑地生活在它们的庇护岛上。期间，一位名叫沃尔特 · K. 费舍尔（Walter K. Fisher, 1878—1953）的美国博物学家“拜访”了它们，并拍了一些照片。

这时，一件离奇的事情发生了。有人认为雷仙岛是一个适宜开展商业投资的地方。他们觉得在这样一个偏远的弹丸之地养殖兔子和豚鼠，然后开办一个罐头加工厂，是件有利可图的事情。任何有理智的人都能看出，这事从一开始就注定要失败。然而，它还是上马了。物流的问题到底是怎么考虑的，没人知道，但这生意确实完蛋了。同样完蛋的，还有岛上的植被。

到 1912 年，不断增加的兔子已经对岛上的生境造成了明显的破坏。1923 年，一支由史密森学会资助的考察队搭乘唐纳雀号（USS Tanager）来到雷仙岛。这次考察仅仅发现了两只秧鸡。一段很短但意义非凡的视频（今天还能在 YouTube 上看到）记录了其中一只，它正跑着穿越一片沙滩。视频由考察队的摄影师唐纳德 · R. 迪基（Donald R. Dickey, 1887—1932）拍摄。

到 1925 年，小岛的生态已被彻底破坏了。后来成为史密森学会秘书长的鸟类学家亚历山大 · 韦特莫尔（Alexander Wetmore, 1886—1978），在一篇为《国家地理》杂志写的文章中描述了一次造访雷仙岛的情景：

> 所到之处皆是贫瘠的沙丘……眼前的荒凉情景让人极度压抑，我们不由自主地降低了说话的声调。从一切所见来看，雷仙岛已然成为荒漠。

On every hand extended a barren waste of sand ... The desolateness of the scene was so depressing that unconsciously we talked in

[FIG.31] / PHOTOGRAPHER : WALTER K. FISHER /

已灭绝的雷仙岛秧鸡的巢和卵。
沃尔特·K. 费舍尔摄于 1902 年 5 月。
由丹佛自然科学博物馆授权使用。

IN MAY 1902
© DENVER MUSEUM OF NATURE AND SCIENCE

但故事还没有结束。早在 1891 年，一些秧鸡被人从雷仙岛捕捉，然后放归在 480 千米之外的中途岛东岛（Eastern Island in the Midway Atoll）。1912 年，由于担忧雷仙岛的未来，阿尔弗雷德·M. 贝利（Alfred M. Bailey, 1894—1978）又从雷仙岛抓了一些秧鸡放到东岛。贝利十分关心濒危动物的命运，参与了多次寻找濒危动物个体的考察。他在丹佛自然科学博物馆工作了多年，并在博物馆的资助下完成了一系列丛书。由于酷爱摄影，他拍摄了许多濒危鸟类的照片，而其中一些现在已经灭绝。

然而，他为拯救雷仙岛秧鸡而付出的努力，却注定要失败。虽然东岛上的秧鸡种群日益繁荣，但它们却和威克岛上的亲戚（见 54 页）一样，也成为第二次世界大战的受害者。1943 年，一艘美国海军登陆舰意外地在东岛靠岸，随之带来了老鼠的入侵。第二次世界大战即将结束之时，秧鸡已经不见踪影。

与此同时，雷仙岛上的兔子也被消灭了，随后植被渐渐恢复起来。然而，秧鸡却再也回不来了。

Meanwhile, the rabbits on Laysan itself ha
been exterminated and the vegetation was
almost fully restored. But by now there we
no rails left to take back.

Laysan
Rail
Porzana palmeri

No.07

Eskimo Curlew Numenius borealis

07

极北杓鹬

No.07

Eskimo Curlew

Numenius borealis

极北杓鹬是那些在19世纪上半叶时还数量庞大，但随后却莫名其妙地以戏剧性方式减少的物种之一。这一物种迅速变得极度稀少，现在似已灭绝。然而，仍有些人相信它还幸存着，也的确有那么一丝希望。极北杓鹬和它的一些近亲长得很像，尤其是中杓鹬（*Numenius phaeopus*）和小杓鹬（*Numenius minutus*）。任何人在野外见到一只极北杓鹬，都可能觉得自己见到的是其他种类的杓鹬。因而它有可能是被忽略了。然而，大多数研究涉禽的学者都认为，这个物种已然绝迹。

位于得克萨斯州的加尔维斯顿岛，是极北杓鹬最近几次有可靠记录的地点之一，也正是这儿留下了它的照片。1962年4月，毕生致力于鸟类摄影的唐·布里兹（Don Bleitz,1915—1986）拍到了一些极北杓鹬的照片，这

[FIG.32]

[FIG.33]

[FIG.32 — 34]

/ PHOTOGRAPHER : DON BLEITZ /

唐·布里兹的三张最近遭到质疑的照片。[FIG.33]可能和[FIG.35]是一样的，只是做了图像翻转和轻微处理。[FIG.32]和[FIG.33]被一些评论家认为是对标本鸟的不同角度的拍摄。真相现在已无从考证，但我们毫无理由去质疑布里兹先生的诚实。

[FIG.34]

[FIG.35] / PHOTOGRAPHER：DON BLEITZ /

唐·布里兹于 1962 年摄于德克萨斯州加尔维斯顿岛的照片之一。最近，这些照片引起了大量（或许是不公平的）争议，一些评论家认为他拍的是鸟类填充标本。

DURING 1962
GALVESTON ISLAND, TEXAS

也是其已知唯一的活体照片。不过，照片的有效性却遭到质疑，有人觉得它们看着不那么自然。照片有好几张，但人们认为拍的都是鸟类填充标本，而不是活着的个体。出于对作者的公正，可以说，照片看着不太像标本，而其拍摄时间又远在Photoshop和图片处理技术到来之前。有时照片被处理为彩色的，不过很难判断到底是否是由黑白照片处理而来。布里兹描述过照片拍摄时的情境，相当令人信服：

> 我们几乎总能在到达后几分钟就找到这鸟儿。我靠近到不足40英尺……我正在拍一只雄鸟，这时突然发觉，就在这只鸟旁边，还有另一只。第一只鸟显然已经占领这块觅食地，它立即冲向闯入者，用喙对着后者不断地猛戳，直到赶走它为止。

在其全盛时期，极北杓鹬每年都会进行两次史诗般非凡的迁徙之旅。夏末，它们离开加拿大西北角和阿拉斯加海岸的繁殖地，穿越北美大陆，来到东边的拉布拉多和纽芬兰。然后飞出大西洋，并朝南美洲进发，最终抵达阿根廷越冬。次年二月或三月，它们又将开启返回北方的征程，然而奇怪的是，这次却是一条完全不同的路线。它们取道德克萨斯州和路易斯安那州，然后沿着密西西比河谷、密苏里河谷和普拉特河谷北上。五月底，它们再次出现在北方的繁殖地。

这个物种在短时间内灭绝的原因，始终是个谜。毕竟，和它有着相似生活方式的小杓鹬（每年在西伯利亚和澳大利亚之间迁徙）数量仍然很多，但至少导致其数量减少的部分原因是过度狩猎。大迁徙时，鸟儿们很容易成为持枪猎手的好目标。鸟群数量很大，而且它们的路线，以及大概什么时候会出现在哪里也都为人熟知。一位19世纪杰出的鸟类学家艾略特·科兹（Elliott Coues, 1842—1899）写过一本书，书名为《西北的鸟》（*Birds of the North West*, 1874），其中记录了这样的事件：

> 通常它们飞得松散而零落，以至于很难一枪打下半打。但当它们由于奇妙的进化而盘旋飞行时，它们紧挨着，鸟群收缩成一个整体，这样就给枪手们提供了绝佳的机会。

这场大屠杀是商业行为，从多方面来看，被杀害的鸟儿数量之大，足可以和对旅鸽的猎杀相提并论（见 70 页）。

然而，它却没能获得其他因猎杀而遭灭顶之灾的北美鸟类所享有的声誉。或许是因为仍然还有少数个体长时间苟延残喘；又或许是由于长得实在太像它们的近亲。不过它们也还是有一点名气，这主要得益于一部虚构的小说。一位名叫弗雷德·博兹沃什（Fred Bodsworth, 1918—2012）的加拿大记者写了一本影响力很大的小说《最后的杓鹬》（*Last of the*

[FIG.36]
/ PHOTOGRAPHER：
DON BLEITZ /

唐·布里兹摄于加尔维斯顿岛的手工上色版照片之一。由西部脊椎动物学基金会（Western Foundation for Vertebrate Zoology）供图。

HAND-COLOURED
© WESTERN FOUNDATION FOR VERTEBRATE ZOOLOGY

Curlews,1954），描绘了一只雄性极北杓鹬寻找伴侣的历程。小说引领了一阵描写其他灭绝或濒危鸟类的风潮，同时还改变了博兹沃什的人生：它卖了三百多万册。

在 1870 年左右，极北杓鹬的数量开始急剧减少。到 1900 年时，它已几近绝灭。出于某种奇怪而无法解释的原因，在几乎整个 20 世纪，仍有少量鸟儿幸存，并坚持着繁衍和迁徙。

而今天是否还有一些个体活着，仍然是个悬而未决的问题。国际鸟盟的一位多年来有着巨大影响力的人物奈吉尔·科勒（Nigel Collar）出过一本书《受威胁的美洲鸟类》（*Threatened Birds of the Americas*,1992）。在书中，他表达了这样的观点：

> 该种群从未恢复，而一旦当它变得如此之少，狩猎也很难再对它造成影响，这个事实强有力地说明，一定有某个生态因素发挥着主要作用，使得所有保护计划和希望都化为泡影。

No. 08

Pigeon

Passenger Ectopistes migratorius

08

旅鸽

NO.08

Passenger Pigeon

Ectopistes migratorius

旅鸽的故事是如此惊心动魄，以至于时常被人讲起，在所有的灭绝物种记录中，没有哪一种可以与之相提并论。在 19 世纪初期，这种飞行速度极快的流线型鸽子很有可能是地球上数量最多的鸟，多得令人惊愕！但到 19 世纪末，庞大的种群数量就已几乎减少为零。有记载的最后一只野生旅鸽，于 1900 年 3 月，在美国俄亥俄州的派克县，被一位少年男孩射杀。还有少量个体活得稍久，不过都是圈养的，分布在密尔沃基、芝加哥和辛辛那提。

进入 20 世纪 14 年后，最后几只圈养的旅鸽也死在笼中。这么一个仅仅在 100 年前还以数十亿计的物种，就这样灭绝了。

[FIG.37]
/ PHOTOGRAPHER : ENNO MEYER OR WILLIAM C. HERMAN /

玛莎，最后一只旅鸽，
在辛辛那提动物园中。
由恩诺·迈耶或威廉·C. 赫尔曼拍摄。

MARTHA
CINCINNATTI ZOO

究竟是什么导致了如此速度惊人而又壮烈的种群衰退？最简单的回答是：我们并不知道——至少，不完全知道。过度狩猎当然是一个重要因素，但导致悲剧的其他因素始终是难解之谜。

据估计，旅鸽这一个物种的数量曾占了美国所有鸟类总数量的 40%。换句话说，生活在墨西哥和加拿大之间的鸟儿，十只里面有四只都是旅鸽。不好说这个数值有多接近真实情况，但事实是，其绝对数量之多，足以给任何遇见它的人留下深刻印象。

早期文字记载对迁徙的鸽群到来时的情形进行了描述，简直让人难以置信。以著名鸟类画家和作家约翰·詹姆斯·奥杜邦（John James

Audubon, 1785—1851）写于 19 世纪 30 年代的文字为例：

> 突然爆发出一阵惊叫："它们来了！"它们发出的声响，尽管还很遥远，却让我想起海上刮起的狂风……数千只鸽子，随处飞落，一只叠着一只，直到在树枝上形成一团团如大酒桶（hogshead）[1]般的"鸽团"……到处都是因重压而折毁的栖木，不断往地上掉落，伤害了下面的数百只鸟……我发现，即便对离我最近的人说话甚至吼叫都没有用。毫不夸张地说，空中满是鸽子，正午的光线晦暗，如同被日食遮蔽。鸟粪点点掉下，仿佛飘落的雪片……此后接连三天，鸽子继续经过，数量丝毫不减。

旅鸽（恰如其名）似乎总是在不停地移动。不论何时，鸽群所到之处，当地植被都被迅速摧毁——然后鸽群又继续飞走。这么多动物同时需要食物的情况实在是极其罕见，在这方面，旅鸽堪称鸟类的蝗虫。

正是由于这种巡游的生活习性，对于美国中西部居民来说，它们既是害鸟又是靶子。每当鸟群来时（时间完全无法预知），它们带来毁灭。但同时也带来机会，引发了一项怪异而残忍的活动。"射击旅鸽"和其他任何形式的狩猎都不一样。当巨大的鸽群从头顶飞过时，杀鸟易如反掌。唯一需要做的就是把枪指向天空，扣动扳机，然后迅速填装弹药。以这种方式，一天就能轻易干掉数千只鸟。在地方性的射击比赛中，每天若有两万只以上的猎杀记录，就能获奖。

类似的活动在 19 世纪前半叶非常频繁。毫不意外，旅鸽种群开始骤降，并且一直持续。不过，你不可能就这样把一个物种射杀至灭绝，这在逻辑上说不通。

首先，一段时间以后，鸟儿变得稀少。由于种群变小，射击的数量也必

一 英美常用的一种大桶，主要用于盛装红酒、麦芽酒、苹果酒等酒精饮料，按美制单位，一桶为 63 加仑，约 238 升。——译者注

[FIG.38—42] / PHOTOGRAPHER：C.O.WHITMAN /

一组卓越的照片，展示了C.O. 惠特曼（C.O.Whitman,1842–1910）鸟舍中的旅鸽。惠特曼曾是芝加哥大学动物学教授。这些照片摄于1896年，现在为威斯康星历史协会（Wisconsin Historical Society）所有。拍摄者到底是谁还存疑，可能是惠特曼自己，但更可能是一位名叫J. G. 哈伯德 (J. G. Hubbard) 的。它们不知怎么被著名鸟类学家弗兰克·M. 查普曼（Frank M. Chapman,1864–1945）获得，他曾任美国自然历史博物馆鸟类馆馆长多年。某个时候，查普曼将其转赠给了威斯康星历史协会。

这张特别的照片展示了一只旅鸽的雏鸟。不过没有记录显示它是否活到了成年。

IN 1896

© WISCONSIN HISTORICAL SOCIETY

[FIG.39]

[FIG.40]

[FIG.41] / PHOTOGRAPHER : C.O.WHITMAN /

然减少。尽管仍有成千上万的鸟儿还存活着，但在任何一个地方，都没有足够的数量值得人们继续举办射击比赛了。最后，射击旅鸽变得并不比其他鸟类更加容易。在美国这么大的地方，没有任何一项扫荡式的狩猎活动会以如鸽子般小的动物为目标。因此必定还有其他原因，是什么原因却并不很清楚。各种各样的想法被提出来——比较可信的有森林清除、引进鸟类的传染病等，也有特别离奇的，如大量淹死、牧师诅咒等。也许最好的推测是这个物种进化为只能以大群的方式生存。一旦它的种群减少到一定水平，尽管数量仍然是难以想象的高，它还是注定要跌进灭绝的旋涡，没有什么能够阻挡。

可以确定的是，在整个 19 世纪上半叶，种群的下降似乎还无法察觉，但到 19 世纪 70 年代，其衰退就进入一个临界阶段。70 年代刚开始，庞大的鸟群依然存在。然而到 70 年代末期时，剩下的鸟群已变得稀疏零散，而这个物种继续生存的希望也被彻底打破了。

到 19 世纪的最后十年，旅鸽的数量已经非常稀少。杀死最后那只野生旅鸽的 14 岁男孩名叫普雷斯·克莱·索思沃思（Press Clay Southworth，1886—1979），而射杀的地点是在他家位于俄亥俄州的农场。这

个家庭好像也意识到那只鸟（一只雌鸟）有某种特别之处，因此把它做成了标本。

不过标本做得相当粗糙，眼睛还是用纽扣做的。得感谢这个标本，它代表了某个里程碑——尽管很惨烈。多年以后，这个家庭将它送给了当地一家博物馆。标本现在还在，可以在位于哥伦布市的俄亥俄州历史博物馆中看到。

但这只鸟的死亡并不能代表这个物种的灭绝。此前几年，一些旅鸽被捕捉，然后由两个分别位于密尔沃基和芝加哥的鸽子爱好者群体与另一个来自辛辛那提动物园的群体分了。1909 年初，密尔沃基和芝加哥的所有旅鸽都死掉了，只剩下辛辛那提的三只。其中有一只雄鸟和一只雌鸟，被命名为乔治和玛莎（以乔治·华盛顿及其妻子之名），以及另一只雄鸟。1910 年夏末，就只剩下玛莎还活着。

玛莎有一些照片存世，包括本章开头用的那张，展示了“她”在辛辛那提动物园户外鸟笼中的姿态。和很多灭绝动物照片一样，拍摄者究竟是何人并不清楚。它可能是由恩诺·迈耶（Enno Meyer）或者威廉·C.赫尔曼（William C. Herman）所拍摄。尽

[FIG.42]

管拍摄时间也不确定，但这很可能是玛莎生前的最后一张照片（在“她”死后还拍了许多照片）。

在“她”最后的伴侣都死去之时，玛莎已经 25 岁，显然“她”也不大会再活太久。然而“她”却又独自苟活了几年。对于社会性极强的旅鸽而言，不知道孤身活着会是一种痛苦的折磨吗？

1914 年 8 月，长寿的玛莎最终接近了生命的终点。8 月 18 日，《辛辛那提问讯报》（*Cincinnati Enquirer*）上有一篇文章这样开头：

> 它活了近 30 年……在主管索尔·A. 斯蒂芬（Sol·A.Stephan）的精心照料下。但他最终放弃了使它在最好的条件下再多活几个星期的希望。极度衰老导致它非常虚弱，直到昨天早上，主管斯蒂芬发现它躺在地上，像是已经死了。斯蒂芬对它撒些小沙粒，又使它惊醒，继续活动，到晚上时活动更强烈了些，当投喂夜食时，它也很尽情地享用。

[FIG.43] / PHOTOGRAPHER：UNKNOWN /

玛莎最著名的一张照片。
尽管像素不高，这幅著名的照片被许多书籍或杂志文章引用。
拍摄该照片的情形却不为人知

THE MOST FAMOUS
OF ALL IMAGES OF MARTHA.

最终那一刻的确切时间，存在争议。但大约在1914年9月1日，星期二下午1点钟，玛莎被发现躺在鸟笼的地板上。这一次“她”再也没能被唤醒。玛莎的尸体被大冰块冰冻起来，运送至史密森学会制作标本。

《辛辛那提问讯报》的报道写道：

> 这样做是为了使“她”……展示给子孙后代，并不以其现在这般年老羽衰，而是以其在过去30年里，在动物园中，使成千上万的鸟类和自然爱好者感到欣喜，如女王般高贵的年轻旅鸽姿态。

No.09

09

卡罗莱纳长尾鹦鹉

No.09

Carolina Parakeet

Conuropsis carolinensis

从许多方面来看，卡罗莱纳长尾鹦鹉的故事和旅鸽十分相似。它们都是北美“居民”，而且都是集大群生活的物种。它们都曾被当作害鸟而被大肆屠杀，种群遭到残酷迫害。在 19 世纪初，它们都有数百万个体，而到 19 世纪末，它们又都几乎绝迹。更为神奇的是，它们各自最后的代表都死在同一个动物园——辛辛那提动物园。

最后的卡罗莱纳长尾鹦鹉只比最后的旅鸽多活了几年——确切地说是三年半。与旅鸽不同的是，这次是只雄鸟，它在动物园里生活了很长时间。1880 年代的某天，一个装有 16 只黄头绿身小鹦鹉的托运抵达辛辛那提，它们是以每只 2.5 美元的低价买来的。地球上最后 2 只卡罗莱纳长尾鹦鹉，就注定在这其中产生。尽管此时，在其他一些动物园和鸟类饲养场也都拥有该物种，但随着时光流逝，它们也都慢慢消逝了，只剩下辛辛那提的这些。而这些鹦鹉也逐渐死去，最后仅留下一对——一只雄鸟和一只雌鸟，名叫“印加人”（Incas）和“简小姐”（Lady Jane）。自从来到动物园后，它们就一直是筵伴。由于清楚其独特的地位，伦敦动物园曾试图以 400 美元的价格购买它们，但被拒绝了。1917 年夏天，“简小姐”去世，抛下彻底孤独的“印加人”。它也只不过多活了几个月，直到 1918 年 2 月 21 日，星期四（虽然日期很精确，但记录并不十分清楚，实际上可能要早一个星期）。那天晚上，它死在了笼子里。照料它的人们围着它，心里很清楚死因——它死于悲伤。

当然，没有人确切地知道它是否就是最后一只卡罗莱纳长尾鹦鹉。尽管所有的野生鹦鹉都很可能在 1918 年前消失殆尽，但也并不排除极少数个体潜藏在某个野外生境，有将该物种残存的时间延续几年的可能性。在 1918 年之后的很长一段时间里，也的确有一些声称的目击记录，但没有一个被充分证实。

这是美国本土唯一的特有鹦鹉，分布在整个东部地区，从南方的墨西哥湾到北方的纽约和五大湖南缘。偏北的分布范围，以及它们对寒冷气候区的渗透，对鹦鹉而言是极其非凡的。不过近几十年的观察发现，一些逃逸的长尾鹦鹉种群，如红领绿鹦鹉（Rose-ringed Parakeets, *Psittacula krameri*）能够在欧洲和北美更严酷的气候中生存，而且还很兴旺，展示了长尾鹦鹉卓越的适应能力。

但就卡罗莱纳长尾鹦鹉而言，有一件事是它们无法适应的，那就是人类的入侵和他们对其栖息地的破坏。18 世纪至 19 世纪，欧洲人对美国的影响持续升级，卡罗莱纳长尾鹦鹉的分布范围也逐步收缩，向西至密西西比河，向南到佛罗里达。森林破坏、土地清理以及过度狩猎，是导致该种群衰退的主要原因。和旅鸽一样，这个物种似乎也只能以群居的方式生存，

Doodles, photographed during 1906 by his owner Paul Bartsch. Shown here with a Mr Bryan, this picture shows just how tame and friendly Doodles was.

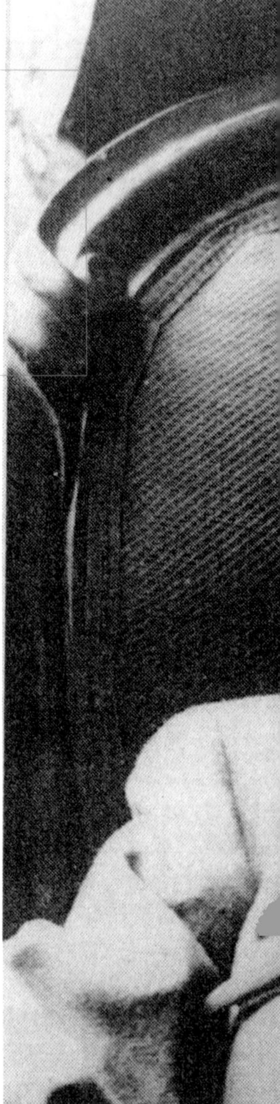

[FIG.44] / PHOTOGRAPHER : PAUL BARTSCH /

鹦鹉 Doodles 与一位拜恩先生（此人生平不详，但应该是该家庭的一位朋友），由其主人保罗·巴奇摄于 1906 年。

IN 1906
DOODLES & MR BRYAN

一旦数量降到某个水平线以下，衰退的闸门就被打开，无法阻挡。

卡罗莱纳长尾鹦鹉本来以多种野生植物的种子为食，但当人们开始密集地垦殖农田后，它们很自然地注意到新的食物来源。此外，它们似乎毫无戒备，以至于人类可以很轻松地靠近其觅食场。造成的结果就是，它们被认定为害鸟，从而被无情地捕杀。

[FIG.45] / PHOTOGRAPHER：Dr Shufeldt /

舒菲尔德博士于 1900 年前后拍摄的他的两只鹦鹉之一。

AROUND 1900

也许还有一个有趣的原因。蜜蜂随着欧洲殖民者来到美洲滨海地区，它们似乎特别喜欢中空的树。而卡罗莱纳长尾鹦鹉也恰好在树洞栖息和筑巢，它们可能是被蜜蜂赶尽杀绝的。

据说，一只名叫 Doodles 的鹦鹉留下了许多照片，不过我们只找到一张。这张照片常常被引用，但照片故事却鲜为人知。1896 年，知名鸟类学家罗伯特·里奇韦（Robert Ridgway，1850—1929）从一次佛罗里达野外采集之旅返回，同时带回了几只活的长尾鹦鹉。其中有两只繁殖了幼鸟，但有一只幼鸟被亲鸟遗弃。里奇韦将这只可怜的小家伙送给了保罗·巴奇（Paul Bartsch，1871—1960），后者将其带回家中精心养育。这只雏鸟被取名为 Doodles，它非常温顺。1906 年，巴奇给 Doodles 拍了很多照片，但似乎只有一张存世。最终，1914 年，这只备受关爱的宠物鸟大限来临，从门口上方它最爱的栖木上掉落下来。它被主人捡了起来，然后在主人温柔的双手中寿终正寝。巴奇写道：

> 它和我们共享美食，举止得体，而且总是规矩地守着自己的餐盘。

在 Doodles 留下照片之前，R.W. 舒菲尔德博士（Dr R.W. Shufeldt, 1850—1934）拍摄了另外一只圈养的鹦鹉，时间在 1900 年前后。在自己家里，舒菲尔德花了几个小时，想同时拍到两只鹦鹉，但最终只拍到一只。照片里，这只鸟被苍耳子缠住，看着很像是标本，但显然这是一只活鸟。不久后，舒菲尔德博士干了件严重的错事，他给鹦鹉笼子上了漆。两只鹦鹉都因为咀嚼笼格而死亡，因为大概油漆中混了铅或者其他有毒物质。

奇怪的是，只有这两张活体鹦鹉照片被发现。从 19 世纪后几十年到 20 世纪初，有许多笼养的鹦鹉，而最后一对鹦鹉的独特性也广为人知。然而竟然没有其他照片披露出来，实在离奇。肯定还有些照片在某处等待着人们去发现。

关于“印加人”，还有个更深的谜团。当最后的旅鸽“玛莎”死后，它的尸体被放置在冰块中冷冻，并从辛辛那提运送至华盛顿的史密森学会，以便能得到妥善保存。同样的程序也用于随后的“印加人”。包裹寄出了，但却没能到达目的地。谁也不知道途中发生了什么。

No.10

Parrot

Psephotus pulcherrimus Paradise

10

极乐鹦鹉

№.10

Paradise Parrot

Psephotus pulcherrimus

1844年6月，一位英国博物学家约翰·吉尔伯特（John Gilbert, 1812—1845）来到澳大利亚昆士兰州南部的达令草地探险。他的任务是为约翰·古尔德（John Gould, 1804—1881）采集鸟类标本，后者是许多精美鸟类书籍的编著者。此时古尔德正在编写一部七卷本的巨著《澳大利亚鸟类》（*The Birds of Australia*, 1840—1848），因而需要一些材料。这套书籍最终包含近600幅精美的手工上色图版，描绘了当时所知的所有澳大利亚的鸟类。至今，它仍是鸟类学文献中最伟大的珍品之一。

当吉尔伯特在澳大利亚的荒野中为古尔德收集资料而受尽各种匮乏困顿之时，古尔德也在英国同样艰辛地工作：委托艺术家、印刷工和插画师，撰写文本，以及为昂贵的书籍招徕订阅者。

[FIG.46]

[FIG.46] / PHOTOGRAPHER : C. H. H. JERRARD /

第一张（可能也是最好的一张）极乐鹦鹉照片，由西里尔·H.H. 杰拉德拍摄于昆士兰州伯内特河，时间在 1922 年 3 月 7 日。

ON MARCH 7TH 1922
BURNETT RIVER

[FIG.47]

[FIG.48]

[FIG.49]

[FIG.47-49]
/ PHOTOGRAPHER : C. H. H. Jerrard/

由西里尔·H.H. 杰拉德于 1922 年在昆士兰州伯内特河拍摄。它们展示了鹦鹉停在白蚁冢上的巢穴旁。最上面那幅根据杰拉德的原始黑白照片手工上色制作的幻灯片复制而来。暗淡的色彩是对活鸟美丽羽色的拙劣还原。

极乐鹦鹉三连拍
IN 1922
BURNETT RIVER

6月8日，吉尔伯特写信给古尔德，传达了一些令人兴奋的消息。他发现了一种全新的小型鹦鹉。不仅“新”，还异常漂亮，全身都是靓丽的色彩——蓝色、绿色、黄色、红色和棕色。吉尔伯特此时已经为古尔德采集了许多标本，而这个新物种使他想求得一个特别的恩惠。他想知道，古尔德能否以吉尔伯特的名字来命名这种漂亮的小鹦鹉。他的信花了几个月时间，才从澳大利亚内陆寄到伦敦。古尔德收到信后，当然对新种的发现非常高兴，但不知为何，他拒绝了吉尔伯特的请求。他将新种命名为 *Psephotus pulcherrimus*（拉丁文“pulcherrimus”可大致翻译为“非常可爱”），而不是吉尔伯特所希望的 *Psephotus gilberti*。古尔德回信给吉尔伯特，并对此做了解释。

然而吉尔伯特没能收到回信就去世了。两人之间远隔重洋，通信往来耗时太长，彼时吉尔伯特又开始了新一轮的探险活动。1845年6月25日，距发现新种只过了一年多一点，他就在一次澳大利亚土著的攻击中被刺身亡。并没有文字记载古尔德是否为他没有按吉尔伯特的意愿命名而感到一丝懊悔。考虑到这种情况，他很可能懊悔过，但我们也永远无从得知了。

这就是现已灭绝的极乐鹦鹉如何被发现和命名的。但它真的灭绝了吗？它也是那些幸存谣言满天飞的物种之一，许多人都相信，它还在澳大利亚广袤内陆的某个地方生存着。

但真实情况是几乎没有。一些声称的笼养个体已被证明是假的。而鹦鹉曾经生存的地方也已被反复调查过。可悲的是，有足以令人信服的理由断定，它们已经永远消失了。从最初发现之后，这种鸟就很容易找到。它们可能算不上是常见鸟，但分布区也是相当广泛，并能出现在所有的适宜栖息地。

种群衰退的模式很快建立起来，不过这也是在19世纪前后经过了几

[FIG.50]

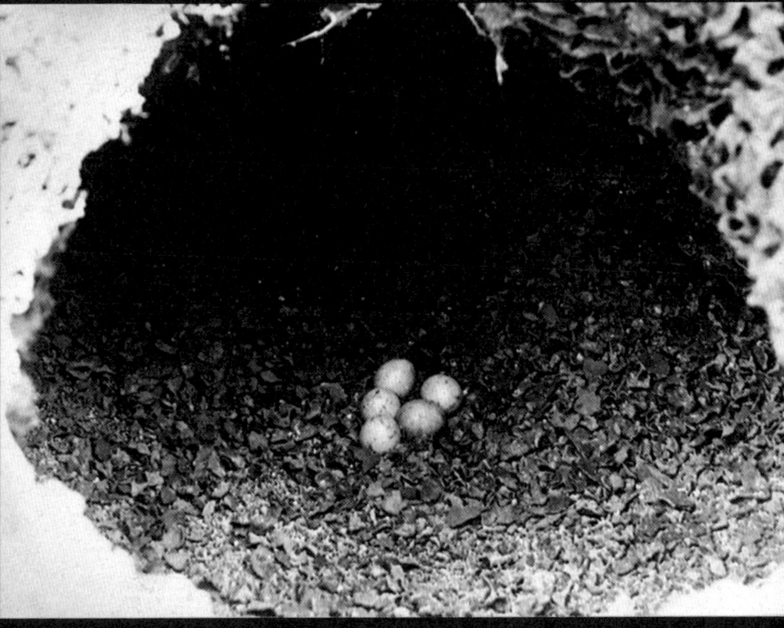

[FIG.51]

[FIG.50/51]
/ PHOTOGRAPHER : C. H. H. Jerrard/

十年的讨论。引进的捕食者——比如猫、鼠和狐狸，可能造成了不利影响，但更显著的因素也许是将土地用于放牧牛羊，从而使鹦鹉最爱的植物种子变得短缺了。

不管是什么原因，极乐鹦鹉的种群在第一次世界大战前的几年里急剧衰减，而当战争爆发的时候，它似乎就已彻底消失了。

极乐鹦鹉栖息在昆士兰南部和新南威尔士北部的山谷、稀树草原和灌丛草地。它们有时候会在陡峭或垂直的河岸上挖洞筑巢，但更常见的是在白蚁冢上。然而，在许多它们显然尤为钟爱的筑巢地，都已不见其踪影。第一次世界大战结束后，澳大利亚一位著名鸟类学家 A.H. 奇泽姆（A. H. Chisholm，1890—1977）在报纸上发起了一项活动，旨在吸引人们的关注，并希望能找到幸存的种群。

但在刚开始的时候，丝毫没有回应。三年后，奇泽姆收到一封来自西里尔·H.H. 杰拉德（Cyril H.H. Jerrard，1889—1943）的信。杰拉德先生看到了极乐鹦鹉！不仅看到，他还设计了一个拍摄计划。幸运的是，他对如何开展这个计划做了非常详细的记录：

> 1922 年 3 月 7 日，我在那个小小的黏土堡垒（极乐鹦鹉的筑巢地）前扎起了营地……帐篷是个小立方体，每边 3 英尺 6 英寸长（只有 1 米多一点），由旧的防风布料制成。我在家里就已将其缝合好，因此要搭起帐篷只需再砍四根短柱子……然后将其根据帐篷的角度钉在地上。在帐篷前方有个孔，这就是摄影“枪”的“射击孔”。所有这些为不流血的“射击”而做的准备，大约在中午之前就绪。随后几个小时的时间用来装饰营地景观，以便使鹦鹉觉得熟悉。我则离开休息一会儿，吃个午餐。当我回来后……我钻进掩体，带着一丝希望和一丝疑虑。这是个炎热的午后，我藏身的地方很小，而且通风极差……

[FIG.52]

[FIG.52]
/ PHOTOGRAPHER : C. H. H. Jerrard /
杰拉德用以作为掩体进行拍摄的帐篷。

一个小时已经过去了，突然传来一个神奇的声音……"qui-vive"这是雄性极乐鹦鹉的音符。"他"就在离我很近的一棵树上，但我看不到"他"，直到……"他"带着所有荣耀自己降落在巢穴之上。这是我一生中最重要的时刻之一。我按下快门，就在这轻微的咔嗒声中，"他"跳开了……但"他"并没有受惊吓，而我也几乎没有时间在"他"跳回来之前更换湿板。我等待着。这时雌鸟出现在视野中。雄鸟趋近巢洞，正好到达我最希望"他"出现的位置。"他"对伴侣发出一阵甜蜜邀请的啾啾声，然后盯着洞口。作为回应……雌鸟落在巢穴的顶上……我再次"开枪"，两只鸟都在这一瞬间展现出应有的姿势。

[FIG.53]

[FIG.53]
/ PHOTOGRAPHER : C. H. H. Jerrard/

杰拉德于 1922 年 3 月 7 日拍的雄鸟与雌鸟（上）在一起的照片，这是他唯一一次拍到雌鸟。

ON MARCH 7TH 1922

杰拉德又尝试了许多次，也拍到更多雄鸟的照片，但他却没能再次拍到雌鸟。他写道：

> 虽然我又尝试再拍，却只在底片上留下一张模糊的照片。“她”的胆怯，相比于雄鸟的大胆……实在出乎意料。因为这正好与常识相反，通常来说，雌鸟，特别是相对雄鸟而言色彩更平淡的雌鸟，会比雄鸟更不害怕人类靠近鸟巢……日落之时，我收拾好我的相机，留下那笨拙的帐篷以后再用，然后带着成功的喜悦，像个打了胜仗的将军一样班师回家。

过了些天，杰拉德再次来到这里，又拍了一些照片。事实上他在随后几年都还看到极乐鹦鹉，最后一次似乎是在 1927 年。他的一位邻居在 1928 年 11 月 20 日见到一只单独的雄鸟，这可能是对这个物种的最后一次确切目击记录。

但是乐观主义者或许是对的。其他推测已灭绝的物种也会“起死回生”，极乐鹦鹉也许也是其中之一。

11

▶ 笑鸮 No.11

Laughing Owl

Sceloglaux albifacies

1909 年某个时候，或者也可能在一年或两年后，卡斯伯特 · 帕尔和奥利弗 · 帕尔（Cuthbert and Oliver Parr）两兄弟决定去拍摄一只笑鸮。他们家住新西兰南坎特伯雷的雨崖站（Raincliff Station），而他们知道在离家很近的一个断崖，就有一只笑鸮在筑巢。

一天傍晚，他们带着一个四分之一底版相机[1]，一个三脚架和一只死老鼠，爬上了笑鸮的巢址，那只是一个石灰岩巨石下方的山洞。他们朝洞里瞅了一眼，看见一只几乎已经发育完全的幼鸟。然后小心翼翼地把它抬起来，并把死老鼠喂给它吃。虽然有些困难，但他们还是成功地使它叼起老鼠，就在这时拍下照片， 然后又迅速拍了第二张。帕尔家族将照片保存了几十年，但在两兄弟去世很久之后，他们的后代 J.C. 帕尔 （J. C. Parr）博士将

1 一种老式照相机，底片大小约为 135 相机的四分之一，尺寸约为 8.3 厘米 × 10.8 厘米 ——译者注

之公诸于众。1990 年，他允许当地一家报社复制该照片。这是已知这个物种唯一拍摄于野外的照片。

还有另外一张照片，但拍的却是圈养个体。这是在 1892 年，由亨利 · 怀特（Henry Wright）拍的，他是威灵顿的一位商人，但非常关心新西兰受威胁的鸟类，并花了很大力气来保护鸟类栖息地。怀特听说沃尔特 · 布勒爵士（Sir Walter Bulle,1838—1906）有两只圈养的笑鸮，于是获准去拍张照片。布勒爵士是 19 世纪著名的新西兰鸟类学家。怀特的任务非常紧急，因为他很快听说布勒爵士已经将笑鸮卖给了对所有与博物学相关的东西都感兴趣的著名收藏家沃尔特 · 罗斯柴尔德（Walter Rothschild,1868—1937），而它们也将很快从新西兰被寄往英国。怀特只是部分成功地完成了拍摄计划，因为他只拍到一只笑鸮的一张好照片。

[FIG.54]
/ PHOTOGRAPHER：HENRY WRIGHT/

亨利 · 怀特拍摄的圈养个体，摄于 1892 年。笑鸮的另一个名字是白面鸮，怀特的照片清晰展示了这一特征，不过不是所有个体都有这样的特征。

IN 1892

前前后后有许多笑鸮被圈养，但这只似乎是唯一真正被拍摄过的个体。捕捉这个物种特别容易（它在 19 世纪中期就已经很稀少），这似乎说明它有种特别奇怪的温顺。这种特质可能也是帕尔兄弟能够成功搞定那只幼鸟的原因。在沃尔特 · 布勒那本著名的《新西兰鸟类史》（*A History of the Birds of New Zealand*,1888—1889）中，他记录了一个案例，描述了一只非常驯服的笑鸮：

[FIG.55] / PHOTOGRAPHER：CUTHBERT AND OLIVER PARR/

帕尔兄弟两张照片中较好的那张

[FIG.56] / PHOTOGRAPHER : CUTHBERT AND OLIVER PARR/

帕尔兄弟拍摄的照片之一

> 有一个人……从尼尔森前往西海岸旅行……看到一只笑鸮蹲坐在路边的地上……他从马上下来，捉住了它。然后……他将一根粗木杆插进土里，拴住它的腿，但也给亚麻绳留了足够的长度，以便它能自由移动。两天后……当他返回时，他发现笑鸮不知怎么挣脱了绳索，并且站在木杆顶端，那人轻松地再次捉住它，它丝毫没有抵抗。他将它带回尼尔森，由于不知道它的价值，仅以几先令的价格卖给了叙述者（即布勒）。

音乐似乎对一些笑鸮有种奇怪的吸引力。一位早期欧洲定居者坚称他总能用手风琴吸引笑鸮。音乐响起后不久，就会有笑鸮飞过来，面对他站着，一直沉浸其中，直到音乐结束。

虽然它们在特定情形下也会很凶猛，但正是由于它们的温顺，又喜欢长时间站在地上，令它们特别容易受到引入的白鼬、黄鼬和猫的攻击，最终加速了它们的灭绝。

出于某些不太清楚的原因，笑鸮在整个欧洲殖民时期就很稀少，而且可能远在那之前就已经开始衰减。令人惊讶的是，笑鸮是在缺乏小型陆生哺乳动物的地方演化，而那些动物正是大多数猫头鹰最普遍的猎物。它们以许多动物为食，但主要的食物还是小型的地栖鸟类。而之后，笑鸮也能以家鼠和各种鼠类为食。

在 19 世纪，笑鸮的种群数量继续减少。尽管它们也曾在新西兰北岛上出现，但在欧洲殖民之前很久，它们就已经局限分布在南岛，其最钟爱的筑巢地就是（如帕尔兄弟观察到的那样）岩石峭壁上的缝隙。通过标本测量，可以看出笑鸮的翼相对短小，可见它们并不是优秀的飞行家。长腿和短趾，说明它们更善于在地面活动。

大多数人听到笑鸮的名字时都会问一个明显的问题：“它们真的会笑吗？”答案并不是那么简单。沃尔特 · 布勒显然直接接触过笑鸮，他说它们的确会笑。据他的说法，那是"一种特别的下行音阶笑声，听起来非常可笑"。笑鸮在飞行时，常发出这样的叫声。布勒补充说在深夜时"当许多笑鸮一起捕猎时，它们会齐声大笑"。但是，一些早期作者描述这声音不过是凄厉的尖叫，能使在野地里无意间听到这声音的宿营者在一阵战栗中惊醒。这声音特别引人注目——很显然，尤其是在刚开始飘雨的阴郁的夜晚。

最后一次有关笑鸮的确切记录是1914年7月，艾丽妮·伍德豪斯（Airini Woodhouse，1896—1989）女士在新西兰南坎特伯雷捡到的一只死鸟。由于意识到其重要性，她将其制作成标本。多年以来，标本都保存在她家的大玻璃圆顶房子里面。然而，这是不是最后一只笑鸮依然存疑。1914年后的许多年里，时常有人声称他们看到了笑鸮。事实上，奥利弗·帕尔回忆，直到1924年他都还见过笑鸮。鉴于他拍摄笑鸮的信誉，因而很难质疑他。1938年，在离开老家多年之后，奥利弗带着儿子再次回到故乡，想看看是否还能找到笑鸮。

但是它们已经永远消逝了。

1914
1924
Ø

Laughing Owl
Sceloglaux albifacies

Ivory-billed Woodpecker Campephilus principalis

12

象牙嘴啄木鸟

No.12

Ivory-billed Woodpecker

Campephilus principalis

象牙嘴啄木鸟依然还生存在北美大陆的可能性，要么是微乎其微，要么就是根本不存在。而这微乎其微的可能性，也已经消失了，正如人们所言。关于该物种幸存的见解，完全违背了常识和科学的严谨性。然而在 2005 年 4 月，有报刊向全世界大力宣传它仍然幸存，因为就在一年前，在消失了近半个世纪之后，它又再次被发现。没有如果，没有但是，象牙嘴啄木鸟仍然生活在阿肯色州的河滩低地！嗯，至少有一只看起来很像。一只象牙嘴啄木鸟被经验丰富的鸟类学家发现（在这动情的时刻，他们显然无法抑制感情而激动得哭了出来），更为重要的是，还拍摄了视频。正如报纸标题宣称的那样。

[FIG.57]
/ PHOTOGRAPHER : JAMES TANNER /

詹姆斯·坦纳摄于1935年4月的一张照片，
一只雄性象牙嘴啄木鸟返回雌鸟处。

IN APRIL 1935

[FIG.58]

[FIG.59]

[FIG.58/59] / PHOTOGRAPHER : JAMES TANNER/

詹姆斯·坦纳摄于 1938 年 3 月 6 日的两张照片，一只幼鸟被取出巢中佩戴环志，此间与坦纳的同事约瑟夫·詹金斯·库恩（Joseph Jenkins Kuhn）玩耍。

[FIG.60] ／PHOTOGRAPHER：JAMES TANNER／

坦纳的另一张照片，摄于1935年4月，一只雄鸟返回巢中换雌鸟的班。

IN APRIL 1935

实际上，真相并非如此。根据任何合理的评判标准，这些影像证据都并不具备充分的说服力。所有正常的人都能看出，图片展示的可能只是“骑着尼斯湖水怪的花园小精灵”[1]。大部分报纸和杂志选择不刊登视频截图——估计是因为看见真实的证据有可能会彻底毁了一个好故事。

对新近灭绝物种的关心，常引起一个并发症，即在物种消失之后总有所谓的目击记录。大多数情况下，这类报道都是源于美好的愿望、真诚的错误，以及缺乏相关经验或知识这三者的结合。但有时候，它们也可能基于对一种奇怪名声的渴求，而这类故事就是纯粹的伪造了。当然偶尔也有真实的情况。因此，问题也就在这里——你需要去伪存真（“壳中挑麦”）。

至于象牙嘴啄木鸟，自从1944年著名鸟类画家唐·埃克尔伯里（Don Eckelberry,1921—2001）最后一次在北美大陆确切见到以来，有大量目击者报告（通常被鸟类学界否决）。为什么2004年的这次，远比其他的那些记录引起更为严肃的对待，而在一年之后再被通常对此类话题都不太关心的报纸媒体挑出来？这本身就是个谜。

推断这次重新发现是伪造的理由有很多，而认定该物种已然灭绝的

1 表示不确切、不真实的事物。『花园小精灵』是一种放在花园里起装饰作用的人形小塑像，其形象通常为蓄须的男性，戴着红色尖顶帽。这种塑像起始于19世纪的德国，当地人也称之为『花园小矮人』。——译者注

理由也有很多。最突出的理由是北美黑啄木鸟（Pileated Woodpecker, *Dryocopus pileatus*）的存在。这是一种个体相对较小但色型极为相似的啄木鸟。对缺乏经验的人而言（试问60年过去后，谁不缺乏经验）它俩实在太容易混淆，特别是在转瞬之间观察，或者比例很难判断的情况下。

另外还有一个事实，象牙嘴啄木鸟在啄击腐朽的木桩和树干时会留下与众不同的痕迹——而这样的痕迹已经数十年不见了。要知道，如今美国有成千上万的观鸟者，许多人都会对发现象牙嘴啄木鸟存活的证据感到欣喜不已。同样重要的是它独特的叫声能传到很远之外，即使你见不到那只鸟，也能清晰地听到它的声音。

象牙嘴啄木鸟是种极其美丽的黑白色鸟，雄鸟头部后面有鲜红的羽冠。对啄木鸟而言，它非常之大，体长约50厘米（20英寸），是目前已知全世界第二大的啄木鸟。最大的是墨西哥的帝啄木鸟（见118页），而它同样也已灭绝。

象牙嘴啄木鸟在欧洲文明开始入侵如今的美国东南部时开始衰减。在整个19世纪，一直到20世纪头几十年，其数量都在持续减少。尽管看似适宜的森林和沼泽栖息地至今仍然存在，但鸟儿们似乎无法抵挡人类的干扰（或者入侵）。

我们对象牙嘴啄木鸟的大部分了解，都来自于詹姆斯·T.坦纳的工作。他在20世纪30年代找到象牙嘴啄木鸟，此时已是这个物种行将消失之际，种群数量少得屈指可数。

找到这些鸟并非易事，但也不是特别地难，而这也是另一个说明其不太可能幸存的事实，即使在极度稀少之时，也还是能够找到它们的。坦纳对他找到的鸟进行了数年的研究，并于1942年在其重要的专题论文中发

[FIG.61]

[FIG.62]

[FIG.64]

布了研究结果。

在此之前的一个星期天，1938 年 3 月 6 日，他将一只幼鸟临时从巢中取出，给它佩戴环志，就在这个时候，一些精彩的照片诞生了。随后，他将幼鸟放回巢中，12 天后，他观察到幼鸟已能靠自己的力量离开巢穴，看起来和拍摄时一样。

这些照片的故事有个非常不平凡的结局。其中两张在坦纳 1942 年出版的书《象牙嘴啄木鸟》（*The Ivory-billed Woodpecker*）中被引用。在超过 60 年的时间里，鸟类学界都认为这就是全部照片了。这时一位名叫斯蒂芬·林恩·贝尔斯（Stephen Lyn Bales）的博物学家打算写一本关于詹姆斯·坦纳和他的成就的书。他住在田纳西州诺克斯维尔市，碰巧詹姆斯的遗孀南希也住在这里。2009 年 6 月，贝尔斯拜访了南希，她拿出自己保存多年的一个棕色信封。信封里面是一些照片底片，都是年轻一代不太关心的旧日遗物。检视之后发现，这些都是那只年轻的象牙嘴啄木鸟和坦纳的同事 J.J. 库恩（J.J.Kuhn）玩耍时拍的照片，均拍摄于 1938 年。这组照片提供了人类和这一灭绝鸟类互相交流的最后动人瞬间。

如今已年过九旬的坦纳女士，当年曾陪伴丈夫开展野外工作。在为斯蒂芬的书《精灵之鸟》（*Ghost Birds*, 2010）所写的序言中，她讲述了摄影师为拍到照片而需克服的种种困难：

> 当吉姆想拍照片时，他不得不走得很近……因为他没有变焦镜头。然后，他得用单独的测光计（测光），估计拍摄距离，设置光圈值和快门速度，等这些都完成了，才能拍照。但大多数鸟并不会摆好造型，耐心地等着他为自己拍照。

[FIG.66]

[FIG.67]

尽管坦纳能找到它们，并且提出了保护它们的建议，但象牙嘴啄木鸟还是在他的研究之后不久就消失了——彻底地消失。

他对这个物种的生存寄望于以路易斯安那州一片叫作"胜家之地"（Singer Tract）的大约 80 000 英亩（约 324 平方千米）的森林为中心的区域。地名的来源只是单纯地因为这地方属于"胜家缝纫机厂"（Singer Sewing Machine Company）。由于伐木活动正在严重地侵蚀这片森林，美国国家奥杜邦协会（National Audubon Society）为了保护森林而作了不懈的斗争，时任美国总统的富兰克林·D. 罗斯福（Franklin D. Roosevelt, 1882—1945）也于 1943 年对伐木活动加以干预。但也许是因为第二次世界大战带给他更为紧迫的挑战，他在这里失败了，砍伐继续进行。有趣的是，砍伐主要是德国战俘干的，大量木料用于制作茶叶盒子，以使英国士兵能在前线喝到他们喜欢的饮品。

尽管非常不情愿，詹姆斯·坦纳最终接受了象牙嘴啄木鸟消失的事实，而且为它写下了充满诗意的证言：

> （它）常被描述为幽暗沼泽的行者，与淤泥与阴沉相联，被唤作忧郁的鸟，但它绝非如此——它是树顶和阳光的行者，它活在太阳之下……活在和它羽毛一样明艳照人的世界里。

这世界充满了谜。有人反驳道，可能——仅仅是可能——它还依然幸存，但若有任何人想知道真相是否如此，都可能问自己一系列问题。

为什么一个物种在骤减逾一个世纪直至行将灭绝之时，却突然中止了可怕的灭绝漩涡？

为什么在 20 世纪 30 年代后期其数量仅剩几对之后，却能因此而停止

[FIG.68] / PHOTOGRAPHER : JAMES TANNER /

悲惨的衰退模式?

自然界的什么力量能在最后一分钟扮演救世主的角色，在其冲向灭亡之时踩下刹车，并发动凶猛的——而且是秘密的——反攻行动?

有什么密谋使最后那几只鸟突然间同时做了个决定，衰退已经到头，它们已经亏欠祖先——往大了说，亏欠整个世界——太多，于是把自己藏匿起来，以极小而不引人注意的种群规模秘密地繁衍（并且一直静悄悄地），使其族群得以永生?

为什么最后这几只，以及它们可怜的后代，能够抵抗摧毁它们同伴的强大压力，然后继续残存超过半个世纪，却丝毫不引起人们注意?

那么，关于象牙嘴啄木鸟还剩下些什么呢?除了剥制标本，还有些老照片。甚至还有一张古老的硝酸电影胶片（由于极易燃烧的特性，大部分照片已于 20 世纪 60 年代在康奈尔大学烧毁了），以及一些真实叫声的录音。

此外，它们还有一个族群生活在古巴，最后一次被人看见的时间近至 20 世纪 90 年代。但那又是另外一个故事了。

Wood pecker

13

帝啄木鸟 No.13

Imperial Woodpecker

Campephilus imperialis

象牙嘴啄木鸟(见102页)有一位近亲，生活在墨西哥的西马德雷山脉。它比象牙嘴啄木鸟稍大一点，是世界上最大的啄木鸟，因此被称为“帝啄木鸟”。奇怪的是，象牙嘴啄木鸟生活在沼泽低地，而帝啄木鸟却适应高海拔针叶林。然而，尽管生境各异，它们却注定在几乎同一时间走向灭绝。有关最后一只公认的象牙嘴啄木鸟记录在1944年，而最后一只帝啄木鸟是在1956年。二者最主要的差别在于照片记录。与象牙嘴啄木鸟不同的是，帝啄木鸟一直被认为完全没有照片存世。

然而，1997年，在消失四十多年之后，它们的照片出现了。不仅仅是照片——还有视频！而且正是于1956年公认最后一次目击时所拍摄。

[FIG.69] [FIG.70]

[FIG.69/70]
/ PHOTOGRAPHER：
WILLIAM RHEIN /

威廉·莱茵于1956年在墨西哥西马德雷山脉拍摄的视频的两张截图。在被忽略40年之后，视频于20世纪90年代由马简·拉马廷克在康奈尔大学发现并公开。

IN 1956 IN THE SIERRA MADRE OCCIDENTAL, MEXICO

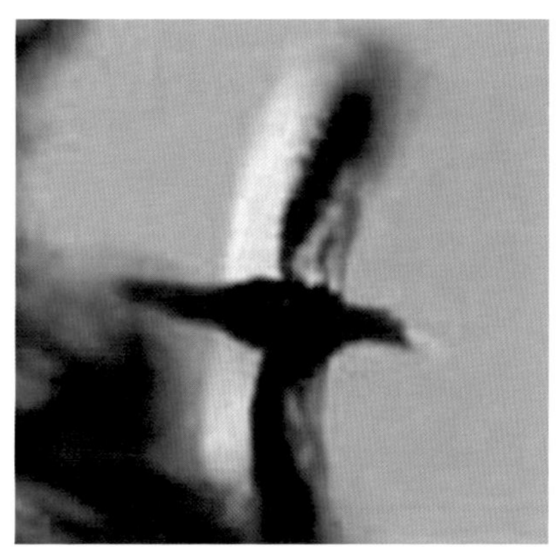

[FIG.72]

[FIG.71] / RHEIN'S FILM /

另一幅视频截图，展示一只飞行中的雌性帝啄木鸟。

[FIG.72]

最后一幅视频截图。

A LAST STILL FROM RHEIN'S FILM.

不出所料，这些胶片的发现也是个离奇的故事。一位名叫马简·拉马廷克（Martjan Lammertink）的荷兰鸟类学家对啄木鸟有着强烈的兴趣，并在康奈尔大学鸟类学系做研究。他自然应该选择康奈尔大学，因为这正是资助詹姆斯·坦纳写关于象牙嘴啄木鸟的书的机构，而这里也保存了坦纳的许多研究记录。当他查阅这些资料时，无意中发现一封由一位名叫威廉·莱茵（William Rhein）的牙科医生于 1962 年写给坦纳的信。在信里，莱茵提到，他于 1956 年在墨西哥拍到一些视频，并说：

> 是在驴背上手持拍摄的，质量不太好的一只雌性（帝啄木鸟）的视频，以及一些飞行的短镜头。

20 世纪 90 年代中期，莱茵已经快 90 岁了，拉马廷克要找到他实在困难重重。但他最终还是追踪到他家里，这是个地名很有趣的地方，位于宾夕法尼亚州的梅卡尼克斯堡市（Mechanicsburg, Pennsylvania）。互相介绍之后，两个人坐下来，通过一台老式的 16 毫米投影机观看这段 85 秒长的视频。视频质量自然不会好，但还是清楚地显示了一只雌鸟正攀在一棵松树干上觅食，啄树皮，然后飞走（今天还能在 YouTube 上看到这段视频）。

莱茵答应复制一份视频，但拉马廷克直到多年以后才收到——在莱茵先生去世之后。至于他为什么在此之前从未把视频提供给鸟类学界，这也是个谜。或许因为质量差，使他感到不安，又或许因为他觉得可能没有人会感兴趣。

与这段视频的命运一样，尽管这个物种曾经还算常见，但却几乎不为人所了解。然而，它所栖息的这片开阔松树林遭到彻底破坏，导致了它的灭绝。有确切的事例表明，狩猎也是导致物种灭绝的一个主要原因，但通常栖息地的破坏或者说改变才是罪魁祸首。

很容易举出例外（本书中就有很多），但作为一个普遍的原理，狩猎倾向于影响个体而非种群，而栖息地丧失则意味着几乎所有动物（和植物）自然分布的地方都不可避免地遭到了破坏。只有那些能够快速适应并利用新环境的个体才能幸存。

在这个案例中，森林砍伐和土地清理掠夺了啄木鸟的家园和必需的食物，当地土著居民的狩猎虽然也造成了许多鸟的死亡，但栖息地的改变才是宣判这个物种死刑的本质原因。事实上，也正是那些改变环境的人在积极地鼓动狩猎。他们认为啄木鸟是个麻烦，乃至煽动了在啄木鸟觅食的树上使用毒药的行为——因此啄木鸟最终注定会灭绝。

作为寻找该物种幸存证据的一部分内容，马简·拉马廷克决定做一些实地调查。2010 年，他和同事蒂姆·加拉赫（Tim Gallagher）一起，前往墨西哥的杜兰戈州，这里曾是高海拔松树林生长的地方，也是视频拍摄地。这是一次长时间的、艰巨的考察，因为当地的政治因素和犯罪活动。关于此次考察，蒂姆写了一本书——《帝王之梦》（*Imperial Dreams*）。两人搜集到了一些故事，表明该啄木鸟一直存活到 20 世纪 50 年代之后的很长时间，不过，并没有确凿的证据表明它们现在依然还在。

至于那些松树林，早已不复存在，松树林中的草也已被牲畜啃食殆尽。

14

新西兰丛异鹩

№.14

New Zealand Bush Wren

Xenicus longipes

唐·默顿（Don Merton,1939—2011）在动物保护和物种保存领域是位传奇人物。他在拯救濒临灭绝的新西兰查岛鸲鹟（New Zealand's Black Robin, *Petroica traversi*）上发挥了重要作用，这是整个自然保护史上最非凡的成就之一。这个物种曾一度减少至仅剩 5 只个体，包括 3 只雄性，2 只雌性。这么小的基因库，通常意味着，不论付出多么大的努力，都无法阻挡灭绝的来临。然而，默顿和他的同事们设法克服了种种困难，今天，该物种已经有了超过 200 只个体。另一种濒临灭绝的鸟，鸮鹦鹉（Kakapo, *Strigops habroptilus*）——全世界最大的，可能也是最独特的鹦鹉——同样因默顿的努力（至少一部分）而得以幸存。可悲的是，不论是他还是他的同事都没能拯救新西兰丛异鹩。

[FIG.73]
/ PHOTOGRAPHER : DON MERTON /

唐·默顿拍的最后的新西兰丛异鹩之一，摄于1964年9月，于大南角岛。

IN SEPTEMBER 1964
ON BIG SOUTH CAPE ISLAND

[FIG.74]

20 世纪 60 年代早期，他拍了张举世瞩目的照片，那是他在那段时间拍到的两张特别的照片之一。其中一幅是非常珍稀的大短尾蝠（Greater Short-tailed Bat, *Mystacina robusta*），另外一幅就是当时已被列为世界最濒危鸟类之一的新西兰丛异鹩。

拍摄照片时，唐·默顿正在新西兰的一个海岸小岛上工作。该岛是较大的斯图尔特岛（Stewart Island）之外的一个小岛，叫作大南角岛（Big South Cape）。作为新西兰政府拯救濒危物种的一个部分，这个岛上没有鼠类和捕食者，它也成为新西兰蝙蝠和鸟类最后的避难所之一。1964 年 9月，默顿有幸拍到了仅存的几只丛异鹩之一。但不幸的是，就在这一年，老鼠不知怎么窜到了岛上。一旦老鼠上岛，不需多长时间，岛上就鼠灾泛滥。最后一只公认的活的丛异鹩记录是在 1972 年，而此时，在新西兰的其他所有地方，该物种都已消失。

[FIG.74/75]

/ PHOTOGRAPHER：HERBERT GUTHRIE-SMITH /

赫伯特·格思里－史密斯 1913 年拍下的两张丛异鹩照片。[FIG.75] 中，从异鹩衔着一枚羽毛，推测是用作筑巢的材料。

IN 1913
SHOWING A BUSH WREN

[FIG.75]

[FIG.76]
/ PHOTOGRAPHER : EDGAR STEAD/
埃德加·斯特德摄于所罗门岛的照片，时间是 1931 年 11 月。

IN NOVEMBER 1931
ON SOLOMON ISLAND

丛异鹩曾是这个国家大部分地方的居民，在南北岛都有发现。尽管在历史上似乎在北岛更为稀少，不过在南岛，它的数量非常丰富。它的体型较小，而且有个致命的嗜好——在地面活动，这使它特别容易受到哺乳类捕食动物的攻击。一旦捕食动物出现在新西兰的土地上——以人类为媒介——丛异鹩的好日子也就屈指可数了。到 20 世纪初，丛异鹩就已十分稀少，随着时间的流逝，它们逐渐变得极度罕见。

该物种有三个族群，其一生活在北岛，其二生活在南岛，第三个则在斯图尔特岛及周边小岛。根据记录，三者之间的差异非常细微，如今也没有足够的博物馆标本来对此进行研究，以至于再来鉴别这些差异的重要性已经没有任何意义。

关于这种鸟的行为描述很少，可能最清晰的描述来自新西兰著名的鸟类编目学家沃尔特·布勒爵士在其第二版《新西兰鸟类史》中的记录：

[FIG.77]
/ PHOTOGRAPHER：
HERBERT GUTHRIE-SMITH /

从异鹩的卵，1913 年，大南角岛，由新西兰鸟类学史上的一位重要人物赫伯特·格思里－史密斯拍摄。

IN 1913
BUSH WREN EGGS

[FIG.78/79]
/ PHOTOGRAPHER：
HERBERT GUTHRIE-SMITH /

另两张由赫伯特·格思里-史密斯拍摄的照片，以及这两张照片的细节放大图

> （它们）通常单只或成对出现……欢快的活动很吸引人的注意。它们沿着树干和树枝永不停歇地活动，窥察树皮上的所有裂缝，寻找小昆虫、蝶蛹和幼虫，它们以此为食……（它们有）一种微弱但活泼的音调，两性都用柔和的颤音呼唤彼此……飞行的能力十分有限。

唐·默顿1964年拍的该物种最后几只个体之一的照片，并不是它们唯一的照片。50年前，在同一个岛上还曾拍到过一些照片。另一位新西兰鸟类学界的重要人物赫伯特·格思里－史密斯（Herbert Guthrie-Smith，1861—1940）在1913年拜访该岛时拍了些照片（包括鸟卵的照片），并在自己的著作——《岛屿和海岸上的鸟类》（*Bird Life on Island and Shore*，1925）中发表了这些照片。

与此同时，他还记录了在拍摄时遇到的困难。小岛远离人类文明的一切便利，最大的问题就是缺水，而他需要用水来清洗湿盘。不过鸟儿本身对相机和操作相机的人倒是相当镇定。

而这些也并不是所有的照片。几年之后，第三位新西兰鸟类学史上的重要人物，埃德加·斯特德（Edgar Stead，1881—1949）拜访了邻近的所罗门岛（Solomon Island），并拍到一只鸟的视频。不过，关于这种鸟的最后一句话应该留给格思里－史密斯，他写道：

> 它穿过幽暗的林下灌丛，像森林之神（forest gnome），像丛林中的棕色仙子（brownie）。

New Zealand Bush Wren Xenicus longipes

15

阿达薮莺

No.15

Aldabra Brush Warbler

Nesillas aldabranus

罗伯特·普里–琼斯（Robert Prŷs-Jones）管理着伦敦自然历史博物馆的鸟类部。但奇怪的是，这个巨大的摇摇欲坠的机构却并不位于伦敦，而是在伦敦以北 30 英里（约 48 千米）外一个叫作特林（Tring）的小县城。如此孤立，自然有着充分的（甚至可以说有趣的）历史原因。不过对于那些想来这里看鸟的人来说，这座位于南肯辛顿区的维多利亚式建筑却会令他们非常失望。

罗伯特是位充满热情的人，同时也极为慷慨。除此之外，他还是极少数真真切切地看见过活的阿达薮莺的人之一。因此在我写上一本书《灭绝

[FIG.80]

[FIG.80] / PHOTOGRAPHER：
ROBERT PRŶS-JONES /

罗伯特·普里-琼斯拍的阿达数莺照片之一。他不仅是少数几位见过阿达数莺的人之一，也是唯一拍到过它的人。

的鸟类》（*Extinct Birds*, 2000）时，很自然地找到了他。

“阿达薮莺还有一丝依然幸存的希望吗？”这是我想问他的问题。毕竟，要是真这样的话，它就不应该出现在一本讲述灭绝鸟类的书里面。

1999 年的一个星期二下午，我来到特林，询问这个非常重要的问题。我们从他在阿尔达布拉岛的经历谈起。放到现在，在一个印度洋中的偏远小岛上，独自一人连续待上好几个星期，可不符合大多数人的品位。可这正是罗伯特经历过的。事实上，若是把他在岛上待的时间全部加起来的话，超过了两年。据他描述，他被放在小岛的一端，然后得自己找出一条路来到另一端，而且是在明知道几个星期里都不可能看见另一个人影的情况下。这使他心里弥漫一种绝望的思绪。

“你害怕这种孤独吗？”我问。

“不见得。我倒是挺喜欢。”这是他的回答。显然这个人比我的性格坚毅，我想。于是我将谈话引到了那个重要的主题。

“阿达薮莺还可能幸存吗？”我问道。

“嗯，一切皆有可能，我想，”罗伯特答道，“不过几乎可以肯定的是，鉴于总体的情况和栖息地的改变，它们已然消失。”

“你见过它们几次？”

“好几次。以前并不那么难找，至少当你用录音带播放它们的叫声时不难。但在后来的寻访中，我就再也见不到它们的踪迹了。”

在占用罗伯特足够长的时间之后，我起身准备离去。不过我还没走到门口，他叫住我。

“我有张照片。”他说。

“照片？”

“是的，我有一张，”他重复道，“你想用在书里吗？”

如果曾有过什么问题，答案是明摆着的，那必然就是这个了！要知道这是种极少被人类看见过的鸟，在被发现数年之后就已经消失，人们对它的了解几乎为零——但在此刻，我却被告知，这种鲜为人知的鸟竟然有照片存世，而且我还能在书里用它！

还有另外一个惊喜。最后见过阿达薮莺的人之一在抽屉里翻腾，然后在书桌里找到了过去的遗存，一张 35 毫米幻灯片。我举起来，对着光线，揉揉眼睛，仔细观看。那是一团轮廓模糊不清的灰棕色影像，嵌在一大片绿色中间。尽管外貌如此普通，但它是灭绝鸟类影像猎人的圣杯——迄今为止，最鲜为人知的物种的鲜为人知的照片，躺在主人的抽屉里达 20 年之久。

“你会保管好的，对吧？”罗伯特说，“这是仅有的一张！”

阿尔达布拉（Aldabra）是个很小的珊瑚环礁，由四个主要的岛屿构成，位于马达加斯加岛最北端东北部约 425 千米（265 英里）之外。政治上，它隶属于塞舌尔，不过它在塞舌尔西南方向，离这个国家最大的岛马赫岛有几百英里的距离。整个环礁不足 46 千米（25 英里）长、16 千米（10 英里）宽，而阿达薮莺也仅生活在其中一小部分：一片约 50 米宽 2.5 千米（1.5 英里）长的土地，位于西侧的马拉巴尔岛（Malabar），或者叫作中岛（Middle Island）。至少，它们只在这么个小地方被看见或被听到。或许它们还曾经出现在更多的地方吧。

阿达薮莺的发现纯属意外。1967 年末，其发现者正好在它们的家门口扎营。接下来的几个星期里，共有三只鸟被捕捉，其中两只被杀死然后制作成标本保存起来（这也引起了争议），而另一只被放归，估计应该没有受到伤害。1983 年，一只孤单的雄鸟被发现，这也是有关该物种的最后一次记录。从那以后，再也没有任何一只被看到或者被听见。

[FIG.81] / PHOTOGRAPHER：
ROBERT PRŶS-JONES /

罗伯特·普里－琼斯拍的第二张阿达数莺照片

[FIG.81]

在1967年到1983年，有几次活鸟的观察记录。而罗伯特·普里－琼斯在20世纪70年代开展了他的研究。他说，一开始基本上找不到阿达薮莺，纯粹因为一次意外才有所发现。他的一位同事，亚历克斯·福布斯－沃森（Alex Forbes-Watson）带着录音机在一条林中小径上漫步，碰巧听到一声奇怪的鸟鸣。再次听到这种鸟鸣时，他按下了录音按键。奇怪的是，在同一个地方却再也没有听到这种声音。最终这段录音被确定为阿达薮莺的鸣声，在重播鸣声以吸引其同类时，这段录音显得无比珍贵。

罗伯特并不记得拍摄照片的确切时间（事实上有两张照片），当然也不必对他未能作好记录而过于苛责。不过他倒是记得，那是在1975年。

他回忆起拍摄照片的情景，那是相当的困难。最初总是很难看见阿达薮莺，尽管已经听到了叫声。然而，在高处强烈的光照和林间阴暗的树荫下，任何照片都可能不太令人满意。而且，不同于今天的数码技术，拍照很简单，还能即时检查照片，而在当时完全不可能知道拍成了啥样。

显然，一个荒凉的印度洋小岛缺乏照片冲印设备，几个星期，或者可能几个月之后，胶片才被带回实验室，也才看到结果。

逗留阿尔达布拉岛期间，罗伯特每个月去一次阿达薮莺出现的地方，每次待上四天左右。他认为这个物种减少的原因几乎可以确定是由于鼠类的入侵。在他全力寻找和研究阿达薮莺的这段时间里，他只定位并识别出5只个体。而人类对这个物种的有限认知，全部都来自他的研究。

当然，所有的照片也都是由他拍摄的。

16

黑胸虫森莺

NO.16

Bachman's Warbler

Vermivora bachmanii

在一本不大知名的期刊——《佛罗里达野外博物学家》（*The Florida Field Naturalist*）的第十三卷里，刊载了从1983—1987年收到的文章和研究论文。第64—66页描述了多年前发生的一件事，它可能远比其他文章都更为重要。这篇文章详细记录了可能是人类最后一次遇见黑胸虫森莺的经历。一些研究黑胸虫森莺的鸟类学家并不知道这篇文章，另一些人则选择忽略。这篇文章的描写细致入微，非常生动，有说服力，而且还有两张照片。

1977年3月30日早上8点15分至9点30分，一位名叫罗伯特·巴伯（Robert Barber）的观鸟老手在佛罗里达州布里瓦德县的墨尔本（Melbourne,Brevard County,Florida）西边观察并拍到一种他不认识的鸟。

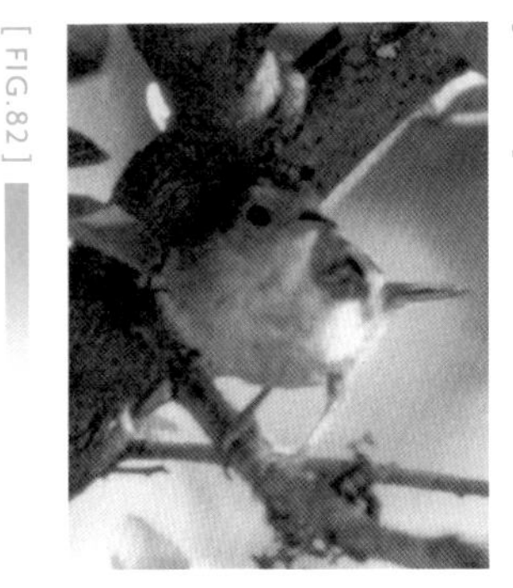

[FIG.82] / PHOTOGRAPHER：ROBERT BARBER /

这是只雌性未成年的黑胸虫森莺吗？它正是由罗伯特·巴伯在1977年3月30日拍摄的，就在佛罗里达州布里瓦德县的墨尔本附近，这可能是人类最后一次遇见该物种。

[FIG.83]

罗伯特·巴伯拍到的第二张照片。

ON MARCH 30TH 1977
NEAR TO MELBOURNE, BREVARD COUNTY, FLORIDA

直到一年之后，经过仔细地与博物馆标本对比，以及由多位有经验的研究者反复察看，巴伯才得出结论，这是一只未成年雌鸟，属于一个叫作黑胸虫森莺的物种。假如这果真是他看到的，那他极有可能是最后一个看到这种鸟的人，因此他将这个故事写了出来，并发表。

黑胸虫森莺故事的开头和它的结尾一样神秘。1833 年，牧师约翰·巴赫曼（John Bachman, 1790—1874）在南卡罗莱纳州查尔斯顿（Charleston, South Carolina）的湿地发现了一种从未见过的鸟。他将其采集并制作成标本，然后寄给一位朋友，这位朋友此时正好在制作一本迄今最为珍贵的彩色图版书。这就是《美洲鸟类》，以 4 卷异常华丽且体积巨大的形式出版，而这位朋友正是著名艺术家约翰·詹姆斯·奥杜邦。一收到标本，奥杜邦立即以朋友的名字为其命名[1]，并为其绘制了插画，收录在书中。这样一来，这种鸟的图像就为人所熟悉了。但是，在超过 50 年的时间里，却没有人再见

1 该物种的拉丁学名直译为"巴赫曼虫森莺"。——译者注

[FIG.84] / PHOTOGRAPHER UNKNOWN /

一张正在鸣叫的雄鸟的照片，据称摄于1958年5月15日，在南卡罗莱纳州查尔斯顿附近。虽然常常被引用，但很难找到关于这张照片的可靠信息，另一张照片[FIG.85]也是一样，拍摄时间要么在它之前，要么在它之后。有两个名字与照片相关，J.H.迪克（J.H.Dick）和杰瑞·A.潘恩（Jerry A. Payne），但无法确定到底是谁拍的。

ON MAY 15TH 1958
NEAR CHARLESTON, SOUTH CAROLINA

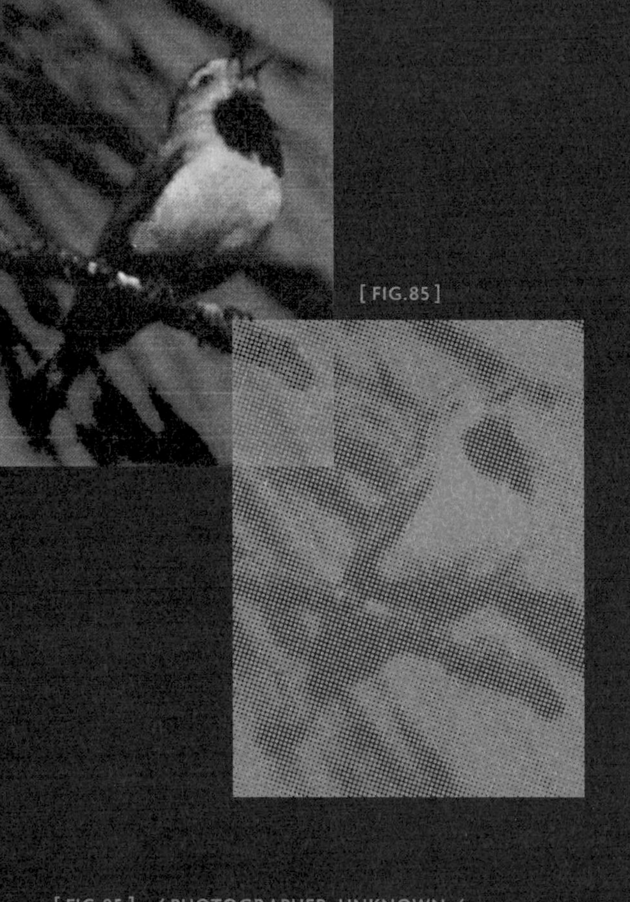

[FIG.85]

[FIG.85] / PHOTOGRAPHER UNKNOWN /

过与之相似的鸟。

然后，在 1886 年，第二只鸟被射杀。一年之后，同一个人再次射杀了不少于 31 只鸟。两年之后，21 只鸟飞进了一座灯塔。在那以后的几十年里，黑胸虫森莺经常被发现，尽管它们显然并不算很常见。

随后，观察记录再次减少。进入 20 世纪下半叶时，这个物种看起来已经到了灭绝的边缘。人们提出了许多原因，但没人知道确切的原因。

这种鸟在古巴越冬，然后返回美国东南部的佛罗里达州、佐治亚州、南卡罗莱纳州等地度过春天和夏天。它们通常在森林覆盖的河谷里的茂密荆棘丛中筑巢，这里是蜱虫和其他讨人厌的小虫子滋生之地。换句话说，这种鸟栖息在人类格外厌恶的地方。也许这个事实为它们仍然幸存提供了一丝希望。毕竟，黑胸虫森莺总是相当地难找，而且在初次发现以后，也的确曾经“消失”了超过 50 年之久。知名的美国野生动物艺术家弗朗西斯·李·贾克斯（Francis Lee Jaques, 1887—1969）曾经说过：“有黑胸虫森莺和没有黑胸虫森莺的区别非常之小。”

也许就在那里蕴藏着黑胸虫森莺仍然存在的唯一希望。

17

考岛吸蜜鸟

No.17

Kaua'i'O'o

Moho braccatus

夏威夷群岛有两个鸟类家族，因其灭绝物种的数量而众人皆知。虽然它们的亲缘关系不见得有多近，但却有着类似的名字，以至于时不时会引起混淆。其中一个家族叫作旋蜜雀，另一个家族叫作吸蜜鸟。两个名字都源于它们中的大多数种类以花蜜为食这个习性。当然它们大多也吃其他东西，诸如花朵、昆虫或软体动物之类。

在奇怪的夏威夷语中被称为“′o′o”的一类鸟，都属于吸蜜鸟家族。该家族曾经有四个亲缘关系很近但又各不相同的物种，一种生活在欧胡岛（Oahu），一种生活在莫洛凯岛（Molokai），一种生活在夏威夷岛（Hawaii），最后一种生活在考艾岛（Kaua′i）。它们如今全部都已灭绝。生活在欧胡岛的叫作欧胡吸蜜鸟（*Moho apicalis*），它在 19 世纪初期就已灭绝；莫洛凯岛上的叫作毕氏吸蜜鸟（*Moho bishopi*），在 19 世纪末，20 世纪初消失；夏威夷岛上的夏威夷吸蜜鸟（*Moho nobilis*）则在 20 世纪 30 年代销声匿迹。然而，第四种却活到了更近的时期，它只分布在考艾岛——夏威夷群岛中最大的岛屿之一。直到 20 世纪 80 年代中期，它还生活在这里，但到了 80 年代末期，它似乎也步其近亲们的后尘，跟着消失了。

从外貌上看，这种鸟体长 20 厘米，是四种鸟中最不漂亮的一个。另外三种的两侧和腹部都长着靓丽的黄色羽簇，其中一种的羽簇甚至还长在脸上。这些羽毛属于非常珍贵的一类，夏威夷人用成千上万的羽片来制作庆典用的羽毛长袍和斗篷。而考岛吸蜜鸟幸运的只有少量美丽羽毛——通常只在大腿上有很小的羽簇。大概这就意味着与其近亲比起来，它并没有承受太大的狩猎压力。

尽管它只有很小的装饰性羽毛，而且样貌也不是特别引人注目，它却是唯一一种被拍到过的吸蜜鸟，而且照片还不少。

所有照片都是在其濒临灭绝之际拍摄的。毕生致力于野外研究和摄影的罗伯特·夏伦伯格（Robert Shallenberger）是其中大部分照片的拍摄者。若没有他的努力，这世上就不会有这种鸟的清晰照片。此外，还有一段胶片视频，主角是一只正在鸣唱的鸟（在互联网上能看到）。

[FIG.86]

1975 年 7 月，夏伦伯格和他的同事 H. 道格拉斯·普拉特（H. Douglas Pratt）以及希拉·科南特（Sheila Conant）进入一片叫作阿拉基（Alaka′i Swamp）的沼泽湿地，就降雨量而言，

[FIG.87]

[FIG.88]

[FIG.89]

[illegible]该物种的最后一只。由 H. 道格拉斯·普拉特摄于 1975 年，他是一位艺术家和作家，出版了很多关于夏威夷鸟类的重要书籍，也手绘了许多鸟的图像，在那次前往阿拉基沼泽的考察中，他与罗伯特·夏伦伯格和希拉·科南特同行

IN 1975

最后几只考岛吸蜜鸟之一

这里显然是地球上最湿润的地方之一。不过其名字“沼泽”却是个误导，因为这儿并不是这个词通常所指的那种地方。它顶多是个潮湿的高原山地，布满泥沼凹坑，又被林木茂密的沟壑切割。就在这偏僻原始的地方，他们发现了最后的吸蜜鸟。然而，直到 1998 年，这些夏威夷鸟类学（Hawaiian birdlore）的研究者们才将他们的考察报告发表出来，在一本名叫《威尔逊通告》（*Wilson Bulletin*，110，1—22）的杂志上能够看到。在报告中，他们也解释了推迟发表的原因：

> 当时，我们认为这片如此大的荒野……至少能够在不久的将来成为濒危鸟类的避难所。因此……我们没有对这次考察做任何报道。时间最终证明，我们的乐观过于天真了。我们对它们做了最后的观察，对其鸣声录了音，也拍到了最后的（或者唯一的）一些照片。

事实上，吸蜜鸟的灭绝来得非常快。在 1975 年考察的 6 年之后，似乎就只剩下了两只鸟——正好一对。然后在 1983 年，飓风爱娃（Iwa）可能导致雌鸟的丧生，而最后一次见到雄鸟是在 1985 年。它们那令人难忘的长笛般的鸟鸣似乎在两年后还能听到，但在那以后就只剩下宁静了。

在 19 世纪末期，吸蜜鸟还曾经占据了整个考艾岛，从海平面到该岛的第二高峰怀厄莱阿莱峰顶（Wai´ale´ale）。仅仅三十年时间，它们就因为鸟疟原虫的肆虐而大量消逝，仅存于海拔较高的地方，比如阿拉基。在蚊子的入侵下，鸟疟原虫以惊人的速率传播。高海拔地区成为唯一没有蚊子的地方，因此只有这里的鸟才得以幸存。但在飓风来临或其他艰难时期，鸟儿不得不被迫迁到较低海拔避难，而这里也是蚊子能够到达之处。一旦被叮咬，大多数夏威夷管舌雀和吸蜜鸟在几个小时之内就将死去。

和数十种已经相继灭绝的夏威夷物种一样，考岛吸蜜鸟最终也彻底消失了。

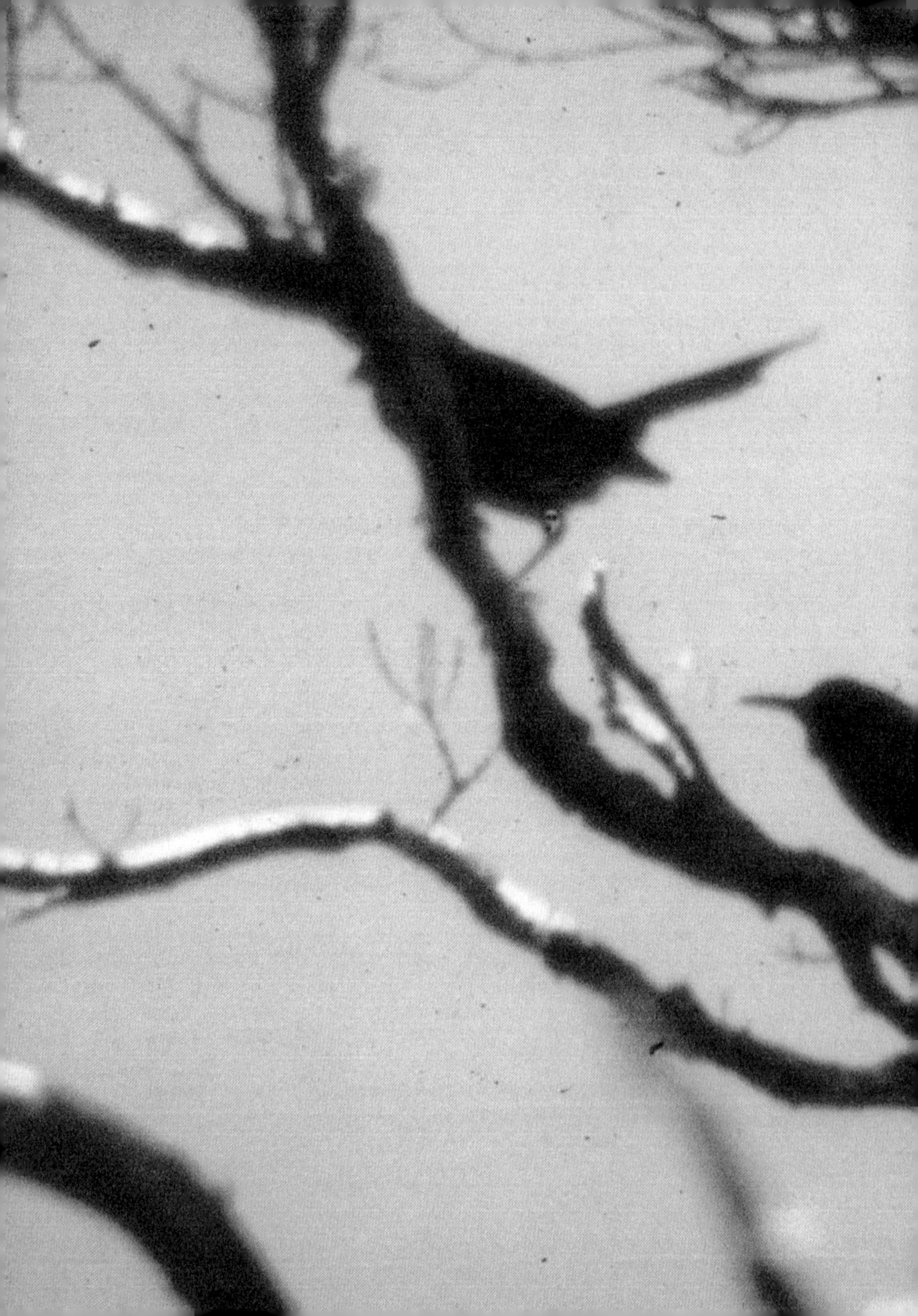

[FIG.92] / PHOTOGRAPHER : FRED ZEILLEMAKER /

一对考岛吸蜜鸟，由弗雷德·泽尔梅克（Fred Zeillemaker）摄于 1975 年。他是一位痴迷的鸟类学家，来自爱达荷州，在一次去往阿拉基沼泽的途中拍摄了这张照片。这张照片展示了该物种大腿上那一点点黄色羽毛。

IN 1975

'O'u Psittirostra psittacea

18

鹦嘴管舌雀

No.18

'O'u

Psittirostra psittacea

夏威夷管舌雀是阐释“适应辐射”最鲜活的例证之一。由于远离所有的大陆，这些鸟的祖先被孤立在夏威夷群岛中，它们发现，这儿竟然有很多空缺的生态位。其原因自然是因为很少有鸟能飞越这么远的距离来此定居。比方说，这里没有鹦鹉，因此许多鹦鹉爱吃的硬壳种子就成为未被利用的食物资源。因此，一些管舌雀逐渐演化出了强壮的、像鹦鹉嘴一样的喙，以便咬碎这些种子。其他种类则演化出奇形怪状的喙。有的细长，向下弯曲；有的上下喙不一样。这些适应性进化使得鸟儿们能够从不同的开花植物上吸食花蜜或者取食其他食物。如此多样的适应性进化！也许可以说，管舌雀在这里演化出能够占据所有生态位的物种，而这些生态位在地球上的其他地方，是由数百种不同的鸟儿分享的。

然而，尽管这个家族的鸟儿适应了这里的多种生境，但每一种适应能够取得成功的关键还得取决于环境保持不变。可悲的是，管舌雀们没能成功。而正是使它们成功适应的原因，导致了它们最终的厄运。

当人类改变了这里的环境之后——有时候很细微，而有时候不是，有时候是有意的，但经常是意外的——一些物种很快就灭绝了，另一些则变得非常罕见。过度狩猎，外来物种的竞争，经由蚊子传播的鸟类疾病，火山喷发或者飓风时常毁灭一些特定的当地生境，所有这些因素导致了种群衰退。

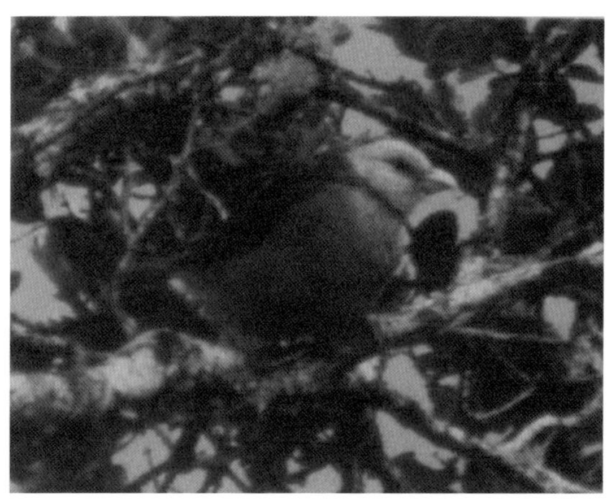

[FIG.93]
/ PHOTOGRAPHER UNKNOWN /

这张相当模糊的照片是鹦嘴管舌雀仅有的照片之一，显然，拍到它们非常困难。关于这张照片在何时拍摄以及怎么拍到的，已经难以寻觅其中细节。

一些灭绝事件发生在19世纪末期和20世纪早期，因此大多数物种并没有影像记录。事实上，一些鸟仅在发现之后数年就灭绝了，只有极少数鸟类学家亲眼见过。

其中一个逃脱了这次灭绝的物种叫作“′O′u”（鹦嘴管舌雀），这个词的读音为“Oh-oo”。但它躲得过初一，却逃不过十五。

[FIG.94]

[FIG.94] / PHOTOGRAPHER：ROBERT SHALLENBERGER /

罗伯特·夏伦伯格在非常艰难的环境下拍到的一张照片，是最后的鹦嘴管舌雀之一。

经由摄影师授权使用

[FIG.95] / PHOTOGRAPHER : TIM BARR /

一只雌性鹦嘴管舌雀，在夏威夷岛的树叶上，
由蒂姆·巴尔 (Tim Barr) 于 1977 年 7 月拍摄。

IN JULY 1977

这是种小而丰满的鸟，体长约 17 厘米，雄鸟有着鲜艳的黄色头部，但雌鸟羽毛颜色却显得寒酸。它是那些演化出鹦鹉嘴的管舌雀之一。实际上，它的拉丁学名“Psittirostra”就是“鹦鹉嘴”的意思。出人意料的是，它并不是专一食性的鸟，而是以水果、昆虫、叶芽和花朵等为食。在其他方面它也没有那么专一的习性。和许多近亲不同，它并没有在夏威夷的各个主要岛屿演化出不同的物种，而是只有一个物种生活在所有的岛上。这可能表明它们的一些小群体时常穿梭往返于各个岛屿之间，因而种群从未被长期孤立，也就没能发展出明显的差异。

鹦嘴管舌雀能在不同的海拔高度之间迁移，也能在每年的不同季节取食各种食物资源。然而，当来到较低的海拔时，它们也遇到了许多夏威夷特有鸟类最大的灾难——蚊子。蚊子传播鸟疟原虫，这对管舌雀来说是致命的威胁。不论是对每只个体而言，还是对整个物种而言，管舌雀们都完全无法抵挡。

20 世纪期间，管舌雀种群急剧下降。到 70 年代，它们几近灭绝，只剩下极少数个体。其中一个仅存的小种群生活在莫纳罗亚火山（Mauna Loa）的山坡上。1984 年，火山熔岩将这片栖息地摧毁。此时它们仅剩下考岛这个最后的堡垒，在 1988 年时还曾有可靠的目击记录。但不久后的飓风又将这里彻底破坏。关于该物种幸存的希望又被寄托在那些蚊子难以到达的地方，但随着时间的流逝，这点希望也变得很渺茫。

哪怕仍然还有少量个体幸存，但看看其他管舌雀的命运，也很难对它们能够长期存活下去抱有信心。

19

▶ 马莫

No.19

Mamo

Drepanis pacifica

为了给夏威夷国王卡米哈米哈一世(Kamehameha I, 1758—1819)制作皇家羽毛披风，估计有约 80 000 只马莫被杀掉。这件鲜艳亮丽的黄色披风是件非凡的杰作，至今还能在火奴鲁鲁的伯妮丝·毕夏普博物馆(Bernice Bishop Museum)里看到。1892 年，在披风问世许多年之后，杀死一只马莫却有着另一种完全不同的意义。在临死之前，这只马莫被拍了下来，而这就成为该物种唯一一张照片。这一点也不奇怪，因为它的确极可能是死在人类手上的最后一只，在它之前许许多多的同伴早在摄影术发明之前就死掉了。

[FIG.96] / PHOTOGRAPHER : AHULAN /

泰德·沃斯滕霍姆（对于此人知之甚少）拿着那只注定要死去的马莫拍摄的照片。照片是在1892年4月拍摄于莫纳罗亚火山的一侧。摄影者推测是阿胡兰，一位熟练的夏威夷捕鸟人，他是沃斯滕霍姆的助手，也是所知的此行唯一同行者。照片质量很差，但照片本身的存在就已是非同寻常。

IN APRIL 1892
ON THE SIDES OF THE VOLCANO MAUNA LOA

照片本身质量很差，但它背后的故事却令人心酸，而且尽管已经过了一百年，却有许多细节流传下来。沃尔特·罗斯柴尔德（Walter Rothschild,1868—1937）这个重要的名字在许多灭绝鸟类的故事中出现，在这个故事里也至关重要。他曾派遣了一个人前往夏威夷群岛采集标本，此人名叫亨利·帕默（Henry Palmer），关于他的信息极少，而他可能最终在澳大利亚被杀害。他的任务是为罗斯柴尔德博物馆采集夏威夷的鸟类标本，而这次任务的时间正好处于许多物种濒临灭绝的关头。然而（或者说由于这类工作本身的极端性），帕默以冷酷无情的方式去寻求他的目标。不过就在此次探险进行到关键时刻，帕默被马踢了一脚，因而一段时间里他不能全身心参与穿越崎岖山地的征途。没法亲自干活，他就雇了一个人，泰德·沃斯滕霍姆（Ted Wolstenholme），与当地的捕鸟人阿胡兰（Ahulan）一同外出采集。

他们继续行进到莫纳罗亚火山（Mauna Loa）一侧的奥拉森林（Olaa）深处。沃斯滕霍姆在帕默叮嘱他写的日记里详细叙述了接下来发生的事情，以及他的感受：

> 1892 年 4 月 16 日，阿胡兰布好陷阱和粘胶……然后就抓到了一只马莫！它真是只美丽的鸟，停栖在帐篷里的杆子上，贪婪地吸着糖和水。现在我无比得意，就像有人给我送来两瓶威士忌。

沃斯滕霍姆想把它养着，在接下来的几天，这只鸟就和他生活在一起，而他也慢慢喜欢上了它。照片就在这期间的某个时刻拍摄。一天或两天之后，他回到老板等待他们的地方。帕默却丝毫不像沃斯滕霍姆这般感情用事，在收到这只鸟后，立刻杀了它，然后剥了皮。

保存下来的部分最终成为了罗斯柴尔德的标本收藏，这个标本也被精湛的艺术家 J.G. 科尔曼（J.G.Keulemans,1842—1912）用来当作手工着色平版画的模特之一。这幅平版画引用在第 242 页，画中有两只鸟，下面那只就是第 159 页这张照片上的那一只。

多年之后，沃斯滕霍姆将一份打印的照片送给了乔治·C. 芒罗（George C. Munro, 1866—1963），这位先生在那个年代就已经专注研究夏威夷的鸟类多年。就这样，这幅照片得以留下来。

人们对这种夏威夷群岛特有鸟的习性几乎完全不了解。夏威夷的猎人在数千年的世代里，也几乎没有留下任何信息，唯一了解的就是它们是相当温顺的生灵，因而特别容易捕捉。

据说，差不多有 45 万片羽毛被用以制作大披风，而更多的则用于制作小一点的服装和装饰性物件。虽然只是那些番红花黄的羽毛吸引了制作披风的人，但这些羽毛也只是鸟儿身上很小的一部分，大部分的羽毛是黑色的。一些制作者坚称，捕获的鸟儿，在黄色羽毛被拔掉后，就被放生了。这似乎不太可能，而且不管怎么说，像马莫这么小的生灵（体长 20 厘米），很难在遭受这种暴力、惊恐和导致衰弱的行为之后，还能再活下去。还有些人认为，狩猎并不是导致其衰减的主要原因，而它们也有足够的能力补充种群数量，弥补狩猎造成的损失。他们宣称，森林砍伐和鸟类疾病才是主要原因。

而实际上，所有这些因素都是导致该物种灭亡的重要原因。

20

毛岛蜜雀 No.20

Po′ouli
Melamprosops phaeosoma

管舌雀有个特征，那就是它们会散发出一种奇特的霉烂味。这种味道如此强烈而持久，以至于即使是陈列在博物馆的标本，在制成后的一百多年后还能闻到。但毛岛蜜雀没有这个特征，加上在身体结构上也有些差别，这不禁使人们怀疑它到底是否属于管舌雀家族。不过现在，它似乎已被确认为管舌雀之一，分类学家也将其纳入这个类群。奇怪的是，它却对另一种管舌雀有种无法解释的依赖，总是跟着它们一起活动，这就是现已极度濒危的毛岛鹦嘴雀（Maui Parrotbill, *Pseudonestor xanthophrys*）。显然，当其中一种已然灭绝，而另一种也濒临灭绝之时，二者之间的关系也无从研究了。

除了那种气味——或者说缺乏那种气味——以及对毛岛鹦嘴雀奇怪的

[FIG.97] / PHOTOGRAPHER : PAUL BAKER /

保罗·贝克于 1997 年在毛伊岛拍摄了这张毛岛蜜雀照片。

IN 1997
IN THE HANAWI NATURAL AREA, MAUI

依附，毛岛蜜雀本身的故事也相当地引人注目。它的俗名 Po′ouli（意为“黑头”）是新近才创造出来的夏威夷语名字——和其他夏威夷特有鸟类不同，当地人此前并没有给它取名。直到 1973 年它才被外界发现，而似乎在夏威夷人的传统中，它也并不存在。

这种短尾巴的强壮小鸟（体长仅 14 厘米）是在毛伊岛（Maui）的哈雷阿卡拉火山（Haleakala）一侧高海拔雨林深处发现的。刚被发现时，它们大约有 200 只。但就在接下来的几年里，其种群数量骤然下跌。到 1990 年代中期，就只剩下不过六七只。导致这个灾难的原因是多方面的。鸟类疾病，以及毛岛蜜雀的主食——一种小蜗牛的减少是最好的解释。1997 年，仅有 3 只毛岛蜜雀被发现。

同年，一位名叫保罗·贝克（Paul Baker）的研究者设法捕捉了其中一只，那是只成年雄鸟。它是被雾网[1]抓住的，并没有受到伤害。这期间，保罗拍了一系列非常清晰的照片。在此之前，人们对成年毛岛蜜雀羽毛的了解

1 一种用尼龙丝线编织而成的捕鸟网，专门用于捕捉鸟类或蝙蝠以便于开展环志等动物研究。——译者注

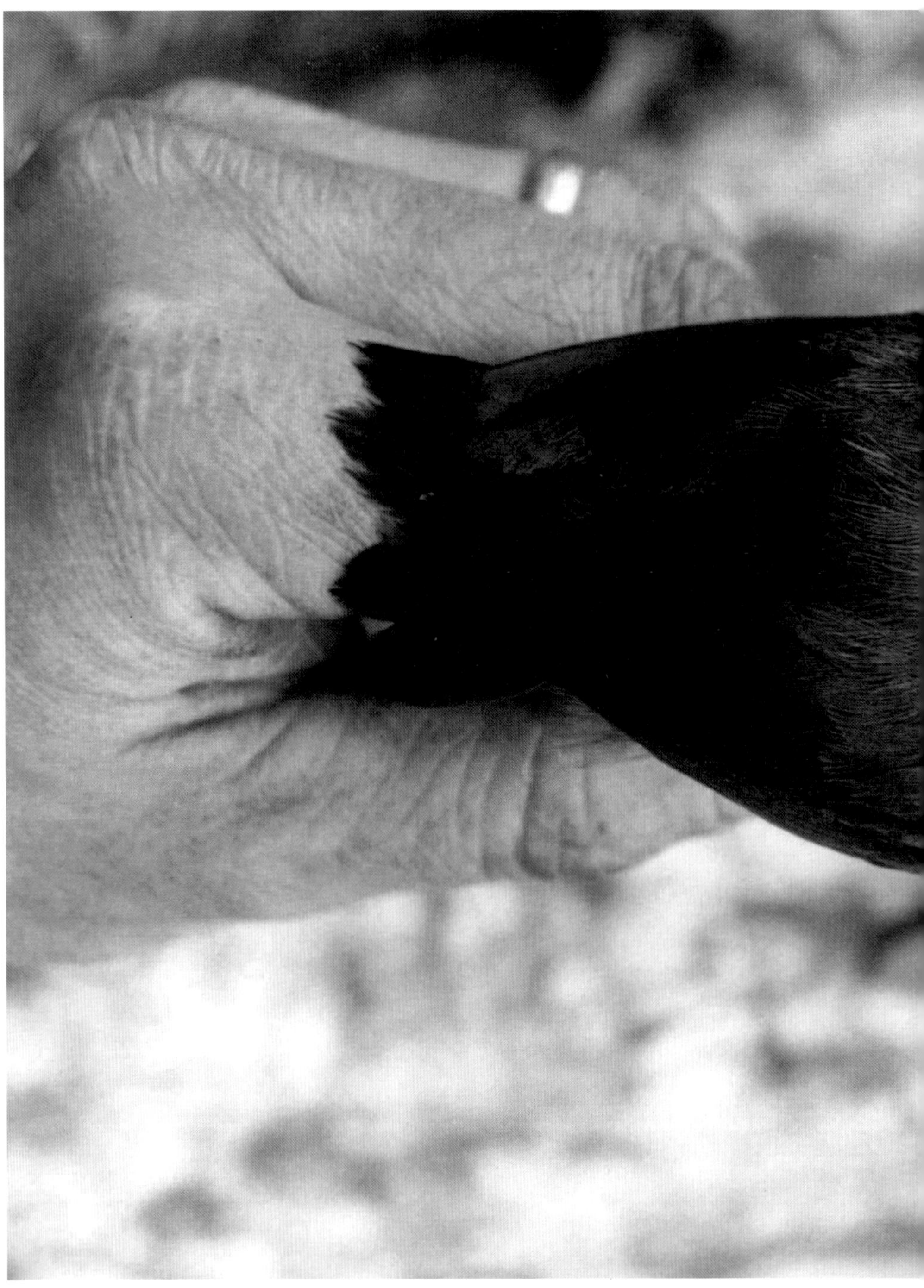

[FIG.99] / PHOTOGRAPHER：PAUL BAKER /

同一只鸟在被抓时拍的第二张照片，保罗·贝克拍摄。

IN 1997

[FIG.100]

[FIG.101]

[FIG.100] / PHOTOGRAPHER： UNKNOWN /

这张照片摄于2002年，这是毛岛蜜雀在野外配对的最后尝试，人们希望将已知最后三只鸟中的一只转移到另一只的领地。照片由吉姆·格鲁姆布莱基（Jim Groombridge）提供。

[FIG.101]

另一张毛岛蜜雀照片。

IN 2002
COURTESY OF JIM GROOMBRIDGE

仅仅来自野外的观察，从未如此近距离地看过任何一只。而之前采集并保存在博物馆的两只标本，都是未成年鸟，羽毛和成年鸟有些许差别。拍好照片之后，这只鸟被安然无恙地放归了。

不幸的是，剩下的那三只鸟，每只都占据着各自的家域，而且相互之间隔着一定距离。因而，它们能够互相接触的机会，非常渺茫。

保护者设计了一个将它们聚在一起的方案。其中一只幸存者——一只雌鸟，被捕获然后迁移至一只雄鸟的家域（2.5 千米之外），人们寄希望于它们能够进行繁殖。但第二天，意想不到的事情发生了。雌鸟径直飞回了自己的领地。

另一个计划又产生了。人们寄望于能捕到全部三只鸟，然后启动一个圈养繁殖计划。虽然基因库已经如此之小，这个计划很可能不会成功，但似乎也只有这唯一的办法了。2004 年 9 月 9 日，一只雄鸟被捕获。它已经老了，只有一只眼睛，在野外存活的机会很小，不过圈养存活的机会也不大。这一年的 11 月 24 日，还没来得及给它找到一个伴侣，它就死了。事实上，另外两只鸟也已经失踪，再也没看到过。

那只圈养的雄鸟死后，它的一些组织样品被保存起来。圣地亚哥动物协会（一家致力于动物保护工作的机构）的阿兰·利伯曼（Alan Lieberman）写道：

> 总有一天，当我们的技术能够跟上我们的幻想时，毛岛蜜雀就能复活，因为我们保存了它的细胞。

21

关岛阔嘴鹟

No.21

Guam Flycatcher

Myiagra freycineti

灭绝物种的命运往往表现为可怕的境遇，关岛阔嘴鹟也不例外。关岛是太平洋上一个偏远小岛。对外界而言，它闻名的主要原因，就是为第二次世界大战期间一次惨烈战役的战场。在珍珠港被偷袭的几小时之后，它就被日军占领。1944 年 7 月，经过一场激烈的战斗，它又被美军夺回。从那以后，关岛又回到了安宁的时光，但不幸的是，几种当地特有的动物却永远回不来了。

关岛阔嘴鹟就是其中之一，在当地，它的名字叫作“chuguangguang”。它个头很小，体长仅约 13 厘米。雄性的颜色与雌性不同，前者背部是有光泽的蓝黑色，后者则是褐灰色；胸部浅黄色，胸以下均为白色。而它最引人注目的特征是嘴边的胡须，这可以帮助它们定位主要食物——昆虫的位置。

[FIG.102] / PHOTOGRAPHER : J. MARK JENKINS /

引自名为《关岛的本土森林鸟类》(*The Native Forest Birds of Guam*)一书中的照片，该书由J. 马克·詹金斯(J. Mark Jenkins)所著，1983年由美国鸟类联盟(American Ornithological Union)出版。照片由作者于1979年拍摄，展示一株木麻黄树上的关岛阔嘴鹟鸟巢和雏鸟。

人类对环境的改变，常常是导致岛屿特有物种灭绝的主要原因。人们可能破坏植被，猎杀动物，引进外来物种捕食当地动物或与之竞争食物资源。这些带来灾难的外来物种通常是老鼠、猫、狗、白鼬或者猴子。但在这个案例中，凶手却让人意想不到：棕树蛇（*Boiga irregularis*），这是一种原生于新几内亚、所罗门群岛和澳大利亚部分地区的动物。它是怎么来到关岛的，并不太确定，似乎是在“二战”之后搭美国海军舰艇的顺风船而来。而它的到来，却给关岛的许多动物造成了惨烈的后果。这种蛇能够长到超过2米，很容易偷袭筑在树上的鸟巢。

关岛阔嘴鹟对这种新来的恐怖分子毫无防备。尽管直到1960年，关岛阔嘴鹟的数量还没有显著地下降，但与此同时，棕树蛇也在稳定地建立种群，数量稳步增长。

[FIG.103] / PHOTOGRAPHER： AN AMERICAN /

一只在竹丛中筑巢的关岛阔嘴鹟，位于关岛的圣罗莎山，20 世纪 40 年代由一名在太平洋战区工作的美国人拍摄。

DURING THE 1940s
ON MOUNT SANTA ROSA, GUAM

[FIG.103]

[FIG.104]
/ PHOTOGRAPHER： ANNE F. MABEN /

安妮·F. 玛本（Anne F. Maben）1981 年拍摄于关岛的一张照片，这是只雄鸟。

ON GUAM IN 1981

随后，关岛阔嘴鹟的种群数量迅速减少，到 1980 年时，它们已经濒临灭绝。1983 年初，在一个叫培恩盆地（Pajon Basin）的地方还能见到它们，不过数量似乎已经不足 100 只。没过几个月，就只剩下 1 只了。抱着圈养繁殖的希望，人们捕获了这只鸟，或者也可能是附近的另外一只。总之这是只雄鸟，而雌鸟却始终没有找到。几个月后，1984 年 5 月 15 日，这只孤独的雄鸟就死了，死因不明。

1984 — Ø

[FIG.104]

Guam Flycatcher
Myiagra freycineti

22

袋狼

No.22

Thylacine

Thylacinus cynocephalus

袋狼是全世界最著名的神秘动物之一。它们是否依然还在塔斯马尼亚的偏远之地生存着，或是像学术记录的那样——最后一只已经在 1936 年 9 月 7 日死于霍巴特的博马里斯动物园（Beaumaris Zoo），真相可能隐藏在二者之间。一小群被孤立的袋狼，可能在那只“最后”的袋狼死在动物园后，仍然还在塔斯马尼亚的荒野中游荡了数年。最大的可能性是，在 20 世纪 40 年代—60 年代的某一天，真正最后一只袋狼孤独地死在了海岸边、森林中或者山坡上。

1936 年以后，许多书籍、手册、杂志或报纸文章都认为袋狼还幸存。各种各样的证据被提出来，目击记录也被整理成一个详细的单子。因为这样或那样的原因，大多数目击记录都是假的，不过也有一些令人信服的。

FIG.105] / PHOTOGRAPHER : MYRA B. SARGENT /

[FIG.106]

[FIG.107]

然而，随着时光流逝，并没有确凿的证据出现，不支持其幸存的几率反而相应地变大了。

袋狼又常被称为“塔斯马尼亚虎”，它完美地适应了生存的环境。但名字里带有“虎”字是个严重的误导。这么叫它，只是简单地因为它是食肉动物，而且身上有条纹。其实，袋狼看起来更像是有条纹的大狗或者狼，但当你得知犬科家族和袋狼并没有近亲关系时，一定会特别惊讶。确实，在动物学领域，二者之间有个巨大的鸿沟。虽然长得像狗，但袋狼属于有袋类动物，与袋鼠、考拉是同类。在动物学语境下，你甚至可以说，人和鲸鱼之间的亲缘关系，比袋狼和狗之间的亲缘关系更近。但当你仔细观察一个袋狼头骨和摆在它旁边的狼头骨时，会发现它们有着惊人的相似性。除了齿列的某些特征，很难一下子就指出它们的区别。

袋狼曾广泛分布在澳大利亚大陆（以及新几内亚岛），但大多数动物学家都相信，当欧洲人到来时，它们只局限在塔斯马尼亚岛。通常认为它们无法抵御来自澳大利亚野狗（由澳大利亚土著居民带来的）的竞争，然后逐渐退缩到偏远地区，直到最后完全从澳大利亚大陆消亡。

塔斯马尼亚作为欧洲殖民地，一开始是罪犯流放之地，后来成为农业发达的地方。而当地大部分的本土物种也都被消灭殆尽。最先消失的是塔斯马尼亚鸸鹋（*Dromaius novaehollandiae diemenensis*），随后就轮到了土著人。一位名叫楚格尼尼（Truganini）的老年妇女于 1876 年 5 月去世，她也被认为是其种族的最后一个人——当然也可能不准确。

作为一种大型食肉动物，袋狼对牧羊人的利益构成了潜在的危险，因此它们一直面临着生存的威胁。它们也的确遭受了威胁。19 世纪期间，来自公司、政府或私人资助的赏金被投入到猎杀袋狼的行动当中。

金额各不相同。曾有一个时期，打死一只成年袋狼的赏金是 1 英镑，而

[FIG.108]

一只幼崽则减半。每一个有枪的人都成为袋狼的敌人，袋狼的数量锐减。而数量减少的速度又因为某种未知的疾病而加快［今天，袋獾（*Sarcophilus harrisii*）的种群数量也以几乎同样的方式减少］。到 1900 年时，袋狼已经非常稀少，但赏金依然如故。直到 1936 年，才有法律禁止猎杀袋狼，而这也是袋狼灭绝的年份，真是个神奇的巧合。

[FIG.108]
/ PHOTOGRAPHER UNKNOWN /

一只雌性袋狼和它的幼崽（大约 8 个月大），1909 年，摄于博马里斯，摄影师未知

AT BEAUMARIS IN 1909

19 世纪下半叶直至 20 世纪，动物园对袋狼的需求非常大。比如伦敦动物园，从 1850 年至第一次世界大战爆发，几乎一直有袋狼的展出。死了一只，又再买一只。因此，给它拍照的机会非常多。甚至还有一些精彩的视频，现在也能轻易在网上看到。最好的照片，可能来自与该物种关系最紧密的动物园，塔斯马尼亚州霍巴特的博马里斯动物园。照片来自多位摄影师，其中一些留下了名字，还有一些早已被忘却。最具象征性的照片，是由本杰明 · 谢帕德（Benjamin Sheppard）于 1928 年拍摄，那是一只即将死去的袋狼，孤独而绝望地望向圈舍之外（见 187 页）。

一张时常被引用的照片，里面有四只袋狼，1910 年拍摄于博马里斯动物园，但不清楚摄影师是谁。另外一张来自博马里斯的照片，展示了相同的四只，拍摄时间大约在一到两个月之前。还有一张出自一位斯特里克兰（Strickland）小姐之手，拍摄了一只成年袋狼，在围栏后面暴跳着等待喂食。

最近有人建议从博物馆标本中提取 DNA，然后再造袋狼。公众关注集中在悉尼澳大利亚博物馆中一只保存在酒精里的年轻袋狼标本上。这项任务最终能否行得通，还有待观察，不过就目前的知识和技术而言，显然还不太可行。

至于袋狼依然幸存的可能性，大多数的目光都很自然地投向了塔斯马尼亚岛。但同样强有力的证据显示，它们也可能潜藏在澳大利亚大陆，甚至是新几内亚岛的偏远地区，因为那儿曾有过它们的化石记录。在该岛西半部，印度尼西亚伊里安查亚省（Irian Jaya）的一些几乎从未被探索过的地区，当地部落提到一种长得很像狗的动物，当地人把它们叫作“dobsegna”。根据描述，其外貌非常符合袋狼的特征。

但最好的证据，是一只木乃伊化的干尸标本，这是位于珀斯的西澳大利亚州立博物馆的珍宝之一。这个保存非常完好的奇怪展品，是 1966 年在

[FIG.109]
/ PHOTOGRAPHER : WILLIAMSON /

几个月后（1910年1月）摄于博马里斯的四只袋狼（可能由一位名叫Williamson的摄影师拍摄）。最左边那只随后被卖给了布朗克斯动物园（Bronx Zoo）[1]。

JANUARY 1910

一 该动物园位于纽约 ——译者注

[FIG.110]

/ PHOTOGRAPHER：F. W. BOND

伦敦动物园的最后一只袋狼。这
1926 年 1 月以 150 英镑的价格
1931 年 8 月 9 日。照片由 F.W.
Bond）拍摄，时间可能是在
和其他几张一起，展示了这种
口裂张开能力。

伦敦动物园的最后一只袋狼

PURCHASED FOR £150 DURING JANU

DIED ON AUGUST 9TH 1931

靠近南澳大利亚州和西澳大利亚州边界的蒙德拉比拉车站（Mundrabilla Station）附近的一个山洞里发现的。根据碳同位素测定，其死亡年代大约在 4 500 年前。然而，它却始终笼罩着神秘的光环。1990 年，阿索尔·道格拉斯（Athol Douglas）撰写了一篇极具说服力的文章，刊载于当年的《隐生动物学》（*Cryptozoology*）杂志，其中详细阐述了碳定年法过程可能存在的纰漏及其理由，并提出当人们发现这具尸体时，它死亡的时间不过只有几个月。但到目前为止，没有科学家对此给予足够的关注，重新检验标本，并重新审查证据。

给袋狼的最后一段话，应该留给斯蒂芬·斯雷索尔梅（Stephen Sleightholme），他制作了一张名为《国际袋狼标本数据库》（*International Thylacine Specimen Database*）的 DVD。在给卡梅隆·R. 坎贝尔（Cameron R. Campbell，著名网站“袋狼博物馆”的管理者）的一封信中，他这样写道：

> 人们首先应该纠正一个错误观念……在 19 世纪和 20 世纪早期，科学界认为袋狼是进化的废物……原始而难以适应其岛屿家园。这种想法也影响了他们对其行为的认识。袋狼被认为是……迟钝、笨拙、愚蠢和怯懦的，但所有这一切都与真相背道而驰。为什么关于其行为的描述如此之少……正是由于有这种假定。而科学界也认为，对这种“平凡的”有袋类食肉动物开展研究，并不能得到任何有价值的知识。

The thylacine was considered...slow,dumb, stupid,and cowardly,all of which could not be further from the truth.Possibly the reason that so little was written about

[FIG.111] / PHOTOGRAPHER： BENJAMIN SHEPPARD /

本杰明·谢帕德于1928年1月24日拍摄于霍巴特博马里斯动物园的照片。这通常被认为是最后一只圈养袋狼，但事实并不是那么回事。这只看起来特别绝望的动物在拍照之后第二天就死了，死于一种传染性疾病。这可能也是导致该动物园另外至少7只袋狼死亡的原因。

最后一只圈养袋狼的照片

AT BEAUMARIS ZOO, HOBART ON JANUARY 24TH 1928

T h y l a c i n e
T h y l a c i n u s c y n o c e p h a l u s

23

▶ 大短尾蝠

№.23

Greater Short-tailed Bat

Mystacina robusta

在人类到达之前，新西兰是鸟类的天堂。人们常说那里没有哺乳动物，但这并不完全正确。事实上，也还是有一些的——有的会游泳，而有的会飞。换句话说，就是海豹、海狮和鲸豚类，以及蝙蝠。现在我们称为“新西兰”的这个岛屿，已经与地球上其他大陆分离达数百万年之久。由于尚未完全理解的原因，那些从恐龙灭绝之后“继承”了地球遗产的早期哺乳动物并未能在这里获得领土的主权。当海洋把这些岛屿与全世界切割开时，鸟类就成为这里占绝对优势的生命形式。许多鸟类——包括著名的恐鸟和几维鸟——逐渐丧失了飞行的能力，承担起通常由哺乳动物扮演的角色。这些进化后的鸟是否直接消灭了某些早期哺乳动物，还是只是简单地阻止了它们在竞争中成功获得生态位，我们不得而知。无论是哪种情况，最终的结果是，新西兰成了一个完全没有陆生哺乳动物居住的地方。但奇怪的是，这个通用的法则出现了一个例外。19 世纪，一种被当地毛利人称之为“waitoreke”的有毛生物的传闻浮现出来。但却从没有科学工作者找到一个实例，因而“waitoreke”始终是个谜，不管它到底是什么。

因此，直到人类带着猫、狗、老鼠、白鼬、绵羊、牛和鹿等动物到来之前，生存在新西兰的所有哺乳动物，要么是海里游的，要么是天上飞的。就蝙蝠而言，也只有三个物种存在于近代新西兰。其中之一，长尾蝙蝠（*Chalinolobus tuberculatus*）与澳大利亚的蝙蝠很相似；但另外两种，则与全世界所有蝙蝠都不一样。由于新西兰与众不同的环境条件，它们演化为地球上最适应陆地生活的蝙蝠。

换句话说，它们在地上活动的时间比其他所有亲戚都长——显然，它们代表蝙蝠家族填补了新西兰空缺的“老鼠”生态位。蝙蝠们在地面上爬行觅食，同时把翼膜卷起以免碍事。于是手臂就能当作前脚来用，使它们既能跑着穿过洞穴，又能在森林地面上觅食。

这两种蝙蝠分别是大短尾蝠和小短尾蝠（*Mystacina tuberculata*），陆地活动的习性使它们非常容易受到外来捕食者的攻击和环境破坏的影响。虽然小短尾蝠依然幸存，但大短尾蝠却灭绝了。化石标本表明，大短尾蝠曾在新西兰广泛分布，但当欧洲殖民者到达新西兰后不久，它的数量就开始减少。先是局限分布在最南边的斯图尔特岛（Stewart Island）和附近的小岛。不知什么时候，它们又从斯图尔特岛上消失（尽管它们并非完全不可能还生存在那儿），此后便只能在大南角岛（Big South Cape）和邻近的小岛上找到它们。由于这些地方完全杜绝了外来哺乳动物的入侵，因而是新西兰全部的珍稀物种庇护所。然后，在 1964 年，一些老鼠从一艘渔船上溜了出来，登陆大南角岛，在很短的时间内，就给岛上的动物带来了灾难，其中

[FIG.112]
/ PHOTOGRAPHER : DON MERTON /

大短尾蝠的唯一一张照片 1965 年，在该物种消失前不久，
由新西兰的自然保护英雄之一唐·默顿拍摄

关于大短尾蝠已知的唯一照片

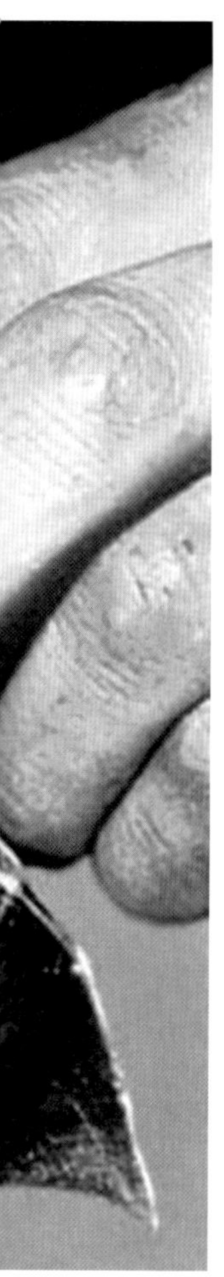

就包括大短尾蝠。关于它的最后一次记录，是1967年4月用雾网捕获的一只。在此之前的1965年，另一只个体被唐·默顿（Don Merton,1939—2011）捕捉并拍了照片，地点在大南角岛的普艾海岬（Puai Cove）。默顿是新西兰濒危物种保护史上最伟大的人物之一。他的照片展示了这种蝙蝠非常美丽的午夜蓝色，也清楚地显示了它的体型大小。

像蝙蝠这样不太引人注意的生灵，当然很有可能被忽视。在斯图尔特岛附近的一些小岛上，有报告称发现了蝙蝠，而类似蝙蝠的回声定位声波也被记录到。

Greater Short-tailed Bat
Mystacina robusta

No.24

Monk

Monachus tropicalis

24

加勒比僧海豹

No.24

Caribbean Monk Seal

Monachus tropicalis

1494 年 7 月，哥伦布在第二次美洲航行时，登陆了一个小岛，这个岛位于现在的多米尼加共和国的南部。他和手下在这里待了三天，在此期间，他们杀了 8 只海豹。欧洲人和加勒比僧海豹之间的关系就此开启，而随后的故事几乎和刚开始时一样，以一种类似但不断加剧的模式，对加勒比僧海豹进行了长达 400 年猎杀，一直到它们慢慢变少，最终灭亡。

猎杀海豹主要是为了获取其体内富含的油脂和它们的皮张，而不是像渡渡鸟的故事那样，人们就是为了吃猎物的肉。大多数记载都表明，海豹肉很难吃，但也有人认为可以接受。当然，饥饿的水手可没有那么娇气。

加勒比僧海豹是三种亲缘关系很近的海豹之一，另外两种分别是

[FIG.113]
/ PHOTOGRAPHER UNKNOWN /

这页文字摘自1910年3月的《纽约动物学会通报》(*Zoological Society Bulletin*)，一篇描写水族馆中的加勒比僧海豹的文章。照片展示了一只成年雄性和一只年轻个体。第194页的照片来自同一期杂志，但未能找到摄影师的名字。
承蒙纽约国际野生生物保护协会(Wildlife Conservation Society)的马德琳·汤普森(Madeleine Thompson)授权使用。

© WILDLIFE CONSERVATION SOCIETY

RARE TROPICAL SEALS.

THE West Indian seals which were received at the Aquarium in June, 1909, still constitute the most noteworthy exhibit in the building.

The possession of three flourishing specimens of a large species near the verge of extinction, is a fact both interesting and important. These seals are the only ones of their kind on exhibition anywhere and may be the last that will ever be seen in captivity.

In the time of Christopher Columbus, this seal was abundant in many parts of the West Indies, its range extending eastward from Yucatan to the Bahamas, Hayti, Cuba and Jamaica. It was gradually exterminated for its oil and skin, and is at the present time known to exist only on the Triangle and Alacran reefs off Yucatan.

The West Indian Seal, (*Monachus tropicalis*), is closely related to *Monachus albiventer* of the Mediterranean, the seal of the ancients, a living specimen of which was exhibited at Marseilles in 1907. Both species are nearly exterminated and with their disappearance the genus *Monachus* will be classed with the extinct animals.

The Aquarium seals will not live forever, and by the time they are gone the man with the gun will more than likely have finished off the remnant of the race in Yucatan. Our seals have not posed to the best advantage for the photographer, but the photographs reproduced in the present BULLETIN, represent so far as we know the only ones in existence of the living animal.

The photographer has been requested to try again, so that the scientist of the future may have all possible documentary evidence as to the general appearance of the animal in life, and its actual existence as late as the year 1910.

These seals, an adult male and two young, are not altogether pleasant as near neighbors, their harsh voices penetrating to every part of the building. The West Indian seal is, so far as our experience goes, the only member of the *Phocidae* or earless seals, that uses its voice in captivity.

The two young seals, a male and a female, have been growing amazingly during the nine months of their life in the Aquarium. They take a fair amount of exercise in the pool, but after being fed usually haul out on the platform along with the large male for a nap, all three huddling close together.

The big male amuses himself occasionally by tossing a flipperful of water in the faces of visitors.

WEST INDIAN SEALS.

地中海僧海豹（*Monachus monachus*）和夏威夷僧海豹（*Monachus schauinslandi*），尽管它们也都面临着严峻的威胁，但如今都还幸存着。名字里的“僧”字，来源于它们的外貌。它们有着光滑的圆脑袋，脖子周围的皮肤卷起，这个形象使其最初的命名者联想到了穿着长袍的僧侣。也有人认为该名字源于海豹独居的天性，但这显然是不对的，在其全盛期，它们聚集在一起的群体数量高达 500 头。

历史上，加勒比僧海豹通常在有浅滩环绕以及有暗礁保护的孤立岛屿、岛礁或环礁上靠岸，极少在大陆海岸上出现。但这很可能是由于对干扰的躲避，而不是天然的偏好。正如其名字所示，它们是加勒比海和墨西哥湾一带的居民。

猎杀在 19 世纪达到高峰，到该世纪末时——此时该物种的数量明显

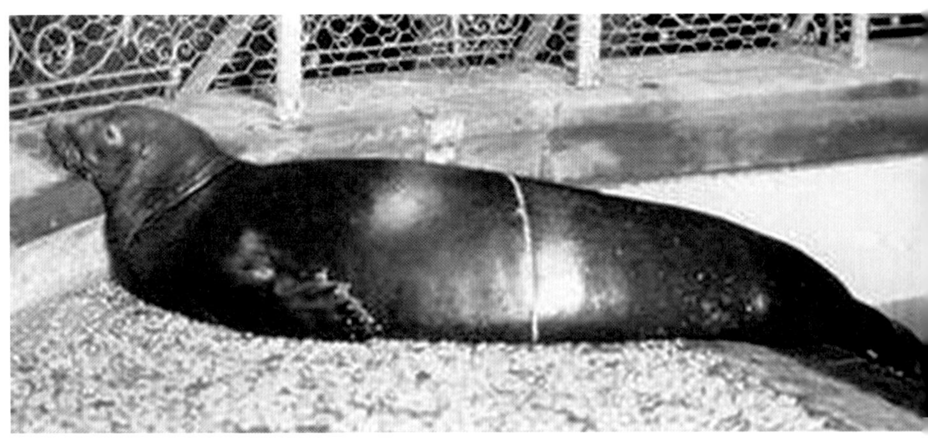

[FIG.114]
/ PHOTOGRAPHER UNKNOWN /

这是加勒比僧海豹仅有的两张照片之一，1910 年摄于纽约水族馆，是一只成年雌性
似乎有条绳子绑在它的身体中间，但不知道目的为何，也不知道摄影师是谁

AT THE NEW YORK AQUARIUM IN 1910

已经很少了——动物园开始追逐它们。然而，它们却很难在圈养条件下存活，一些海豹只活了几天，而已知活得最久的也只有五年。

最后一次可靠的野外目击记录发生在 1952 年，当时有一小群海豹在牙买加到洪都拉斯正中间的塞拉纳浅滩（Serranilla Bank）被发现。

似乎总共只有两张照片，均在 1910 年左右拍摄于纽约水族馆。照片中的海豹都在墨西哥被捕捉，要么在坎佩切州，要么在尤卡坦州。

两篇关于加勒比僧海豹的短文（分别为一只成年雄性和一只幼年雄性，一只幼年雌性）刊登在 1910 年的《纽约动物学会通报》。文章对它们的身体状况和对圈养生活的适应表现出了乐观的态度：

> 三只濒临灭绝的西印度海豹……于 1909 年 6 月 14 日来到水族馆，它们看起来身体条件极好。两只年轻的海豹，从刚来时到现在，身体已经差不多长大了两倍。三只都在夏天时蜕了皮，那段时间看起来非常粗糙，但现在已经光洁如初。每天都要投喂它们两次，食物是鲱鱼和鳕鱼，较小的鱼都是整只投喂。

Yangtze

25

白鳍豚

No.25

Yangtze River Dolphin

Lipotes vexillifer

在中国历史上，白鳍豚一直备受关注，它时常出现在诗歌、故事、传说和学术文稿中。“白鳍”意为“白色的豚”，而西方科学界却始终不知道它的存在。直到 1914 年，一位名叫查尔斯·霍伊（Charles Hoy）的 17 岁美国人在城陵矶附近射杀了一只。霍伊和同伴们吃了些它的肉，并给动物尸体拍了张照片。

霍伊把这只白鳍豚的头骨和部分脊椎骨清理干净，然后带回了美国，这些残骸最终被送到史密森学会。在那里，人们认识到，这些骨头属于一个科学界未知的物种。1918 年，它被正式命名，而它也成为最后被科学界描述的大型动物之一。

[FIG.115]
/ PHOTOGRAPHER UNKNOWN /

1914 年 2 月，17 岁的查尔斯·霍伊和他杀死的白鳍豚，在洞庭湖连接长江的水道上

IN FEBRUARY 1914

但这个发现却并没有给霍伊带来什么好处。他在长江上感染了由一种寄生扁虫传播的血吸虫病。这种病会损伤肝脏和肠道，已经导致了数千人的死亡。1922 年，霍伊就因为该病就去世了。

在全世界许多地方都生活着淡水豚类。它们共同的特点是能在淡水里生存，有长而薄的喙，其间布满许多小而尖的牙齿，视力很差，也有的完全没有视力。白鳍豚仅仅分布在扬子江——这也是它英文名字的由来——以及一些附属的湖泊中。对白鳍豚（以及许多其他生物）而言，极为不幸的是，这条江的冲积区域是地球上人口最密集的地区之一，是全世界 10% 以上人口的家园。

关于在历史上白鳍豚有没有被猎杀的问题，有两种互相对立的观点。有观点认为白鳍豚曾被猎杀；但也有观点认为当地人视白鳍豚为神灵，因而赋予了它某种神圣性。不论是哪种情况，毫无疑问的是，直到 20 世纪的前几十年，白鳍豚的数量依然还很多。随后，多种因素导致了白鳍豚数量迅速减少。

长江流域大规模的建坝工程开始实施，这使白鳍豚的种群片段化，许多地方的种群不得不与其他地方的同类隔离开来。白鳍豚主食的鱼类种群也面临着同样的问题。整个长江的生态系统就这样被彻底改变了。其他的物种也遭受了与白鳍豚同样的命运，比如一种巨大的鱼——白鲟（*Psephurus gladius*）。环境巨变造成的后果之一，就是白鳍豚种群数量急剧下降。与此同时，其他的问题也逐渐凸显。越来越多的大型船只在长江上航行，它们制造的“白色噪音”封堵了白鳍豚的听觉，它们用以捕猎和导航的回声定位系统变得越来越低效。许多白鳍豚直接撞向了轮船的螺旋桨，或者因为听觉混乱而搁浅。大规模的污染和新式的捕鱼方法——包括炸鱼和电鱼——宣告了这个物种最后的末日。

[FIG.116/117]

/ PHOTOGRAPHER UNKNOWN /

著名的淇淇，摄于武汉的中国科学院水生生物研究所，它在这里生活了22年，显然对定期从水里面拉出来感到很享受

AT THE WUHAN SANCTUARY

[FIG.116]

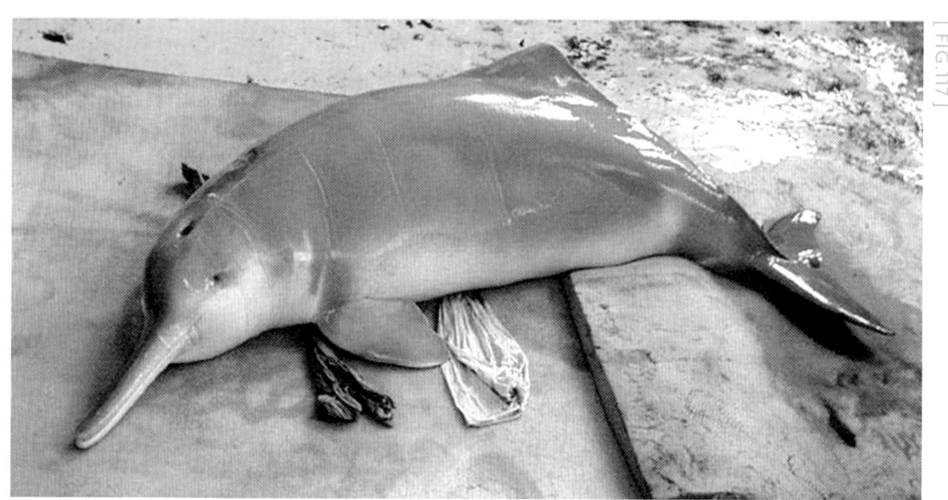

[FIG.117]

[FIG.118]

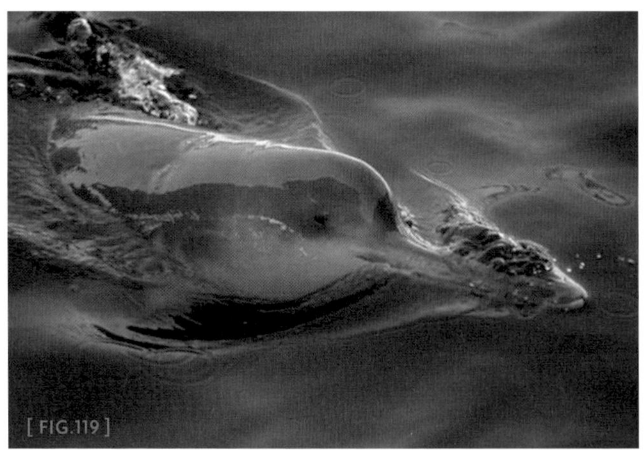

[FIG.119]

[FIG.118/119]
/ PHOTOGRAPHER UNKNOWN /

几乎所有白鳍豚的照片拍的都是生活在武汉的淇淇
这是两张摄于 1988 年的照片

关于这个物种的大多数照片，都来自同一只个体，它于1980年被捕捉，而后取名为“淇淇”。在同类们逐渐消失之时，淇淇成为了明星。人们时常把它从水里拉出来，拍照片，以及带着近乎绝望的努力，不断刺激它，以期能产生有活力的精液。1986年，另外两只白鳍豚——一只雄性和一只雌性（后者被取名为“珍珍”）——被捕捉，但几星期后，那只雄性白鳍豚就死了，尽管它的同伴始终不离不弃地将它往水面上推，好让它能继续呼吸。在它死后，珍珍就与淇淇养在一起，但珍珍似乎还没有性成熟。而在活到性成熟的年龄之前，“她”也不幸地死了。

最终，2002年时，淇淇也死了，死因可能是因为糖尿病和年龄太大。它在人们的圈养下活了22年之久，死后人们为它举办了一场隆重的葬礼，中央电视台都对此进行了报道。

其后，野外个体的目击仍然时有报道，但反复的调查显示，该物种事实上已经灭绝。剩下的所有东西，仅包括一些遗迹、照片和一本细述这个物种故事的书，该书由塞缪尔·特维（Samuel Turvey）所著，书名叫《见证灭绝——我们为何没能拯救白鳍豚？》（*Witness to Extinction: How We Failed to Save the Yangtze River Dolphin*，2008）。

26

▶ 斑驴

No.26

Quagga

Equus quagga quagga

斑驴有着如此与众不同的特征，这使它成为代表灭绝物种的象征之一。但最近的研究却揭示，它很可能不是一个完整的物种，而只是现存物种草原斑马的一个种群（亚种），DNA分析的结果确认了这个结论。尽管生物学家已经广泛接受了这一结果，但斑驴仍然毫无疑问地保留了这个标志性的地位，它戏剧性的历史和辨识度极高的外表确保了其地位的延续。

虽然斑驴的外型很像其他斑马，但色型却完全不同。它们只在头部、颈部和身体的前半部分有条纹，而在典型的斑马身上是白色的地方，在斑驴身上大部分是棕色，只有腿和腹部是白色。斑驴的名声经久不衰的原因之一，无疑是因为这个听起来很奇怪的名字。就像另一种更为著名的灭绝物种渡渡鸟，斑驴的名字一样简短，却令人过目不忘。事实上，“quagga”这

[FIG.120]
/ PHOTOGRAPHER UNKNOWN /

已知仅有五张斑驴的照片存世。所有照片拍的都是同一只斑驴，来自伦敦动物园的一只雌性斑驴。不过照片则分别是由三位摄影师拍的。这张相对模糊的照片是最不出名的一张，摄影师也未知，摄于19世纪60年代。

最后一只圈养斑驴的照片
IN THE 1860s

个名字来源于霍屯督语[1]，发音是当地人对斑驴叫声的模仿。

有趣的是，远在DNA证据之前，这个名字就已经引起了混淆，因为欧洲人曾将这个名字用于所有长得像斑马的动物。直到后来，它才逐渐成为斑驴这个种群的特指。人们对斑驴分类地位的争论，从许多方面来看都反映了对“物种”这一概念如何界定的问题，到底什么是一个完整的物种，而什么又不是？虽然对于“物种”这个概念本身有着清楚明确的定义，但最终的解读仍然是开放性的。换句话说，某位生物学家可能会比另一位以更为严格的方式来解释证据。比如，没人会认为狮子和老虎是同一个物种，但亚洲狮和非洲狮到底是不是呢？这就很难判断，大多数科学家都认为它们的确属于同一个物种，但有些科学家却不赞同。

斑马也是同样的问题。如今大多数权威人士将斑马家族仅划分为三个物种，但在过去，这三个物种被分为更多。这些分歧造成了严重的命名混乱，因此，到底什么是最精确的鉴定方法呢？这可以说是个知识雷区，常常需要大量的解码工作。

草原斑马过去的学名是 *Equus burchelli*，而斑驴是 *Equus quagga*，但当DNA证据显示二者属于同一个物种之后，动物学命名法则就得发

1 非洲西南部的科伊科伊人所用的语言，荷兰殖民者模仿当地语言而为之取名为“霍屯督”。——译者注

[FIG.122] / PHOTOGRAPHER UNKNOWN /

19 世纪 60 年代的一张照片，摄影师未知，但有可能是弗兰克·黑斯。

挥作用了，它们的学名需要重新调整。最早的命名必须优先考虑（不管有多混乱或者多不恰当），而最早取名的是 *Equus quagga*（早在 1778 年就开始用了）。于是，草原斑马变成了 *Equus quagga burchelli*，而斑驴则成了 *Equus quagga quagga*。更为混乱的是，这又给曾被称为 Burchell's Zebras 的一群斑马带来了问题。它们曾被认为是与草原斑马完全不同的物种。19 世纪拍的圈养斑驴照片显示，它们的腿上完全没有条纹，这也成为其独特的分类依据。而在第一次世界大战期间的某个时候，这个种群就彻底灭绝了。然而，最近几年又有研究认为，它们并没有展现出实质性的、可重复的差异，仍然归属于草原斑马，因此也就并没有真正灭绝。

至于斑驴本身，并没有因为这些复杂晦涩的分类问题而受到什么影响，因为“Quagga”作为一个单独的概念，明确地定义了这个始终维持着自己知名度的物种，而这一切也都是基于构建完整的历史描述。

18 世纪至 19 世纪，斑驴是非洲南部干旱草原非常常见的“居民”。和其他斑马一样，斑驴也不太容易被驯服。而且由于被当作是与黄牛和绵羊争夺牧场的害兽，它们经常遭到猎杀，以获取肉和皮张。狩猎愈演愈烈，最后终于被禁止。禁令始于 1886 年，但一切都已太晚——最后一只斑驴已经死了，三年之前，它在阿姆斯特丹动物园寿终正寝。而最后一只野生斑驴也大概在 19 世纪 70 年代被枪杀。

活着的斑驴已知仅有 5 张照片存世，拍摄的都是同一只动物——来自伦敦动物园的一只雌性斑驴。“她”在动物园里生活了 21 年，于 1872 年 7 月 15 日去世。“她”的尸体被转移到一个名为杰拉兹（Gerrards）的动物剥制师和骨骼学家公司，公司在动物园附近就有经营场所，因此有机会获得许多死在动物园里的动物尸体。杰拉兹公司同时制作了斑驴皮张和骨骼标

[FIG.123]

[FIG.124]

[FIG.123] / PHOTOGRAPHER : FREDERICK YORK /

这张照片由弗雷德里克·约克摄于1870年夏天，是伦敦动物园那只雌性斑驴所有照片中最好的一张。

DURING THE SUMMER OF 1870

[FIG.124] / PHOTOGRAPHER UNKNOWN /

1993年捕捉的一只长得很像斑驴的斑马。它后来被取名为"Howey"，用于复活斑驴的选择性繁育项目。

一只长得很像斑驴的斑马

本。骨骼以总计 10 英镑的价格卖给了美国著名恐龙猎人奥思尼尔·C. 马什（Othniel C. Marsh,1831—1899）。该标本如今收藏在耶鲁大学皮博迪博物馆（Peabody Museum）。而皮张剥制标本则最终卖给了爱丁堡的苏格兰皇家博物馆（Royal Scottish Museum）。

至少有一张照片是由一位名叫弗兰克·黑斯（Frank Haes,1832—1916）的绅士拍摄，他拍了很多动物园动物的照片，并制作成立体图片来销售。制作立体图片的方法是将照片打印两次（并排打印），在观看时，通过一个叫立体镜的小玩意，就能看到令人惊艳的 3D 图像。关于获得这些照片的过程，黑斯在一篇文章中留下了一些有趣的记录，刊登在 1865 年 1 月 16 日出版的一期《摄影杂志》（*The Photographic Journal*）上。他常常需要花费大约 20 分钟时间来诱哄或者威吓拍摄主体，使它们来到恰当的位置，然后才能拍摄。但这些努力经常会化为泡影，因为在他和动物都准备好之前，湿盘（这在当时是必不可少的摄影装备）就已经要干了。还有一个问题，关于快门速度。曝光需要尽可能快的完成，但这还是需要大约三分之一秒，因而动物身体的任何一个移动都很可能把事情搞砸。

两张最好的照片是由弗雷德里克·约克（Frederick York,1823—1903）拍摄，他和黑斯一样，也专门从事立体图片的工作，不过他也同时制作了大量幻灯片，供放映机播放，这是另外一种 19 世纪流行的图像观看设备，可增强观赏的愉悦感。

[FIG.125] ／PHOTOGRAPHER : T. J. DIXON／

Burchell's Zebra，该照片由 T. J. Dixon 摄于 1885 年前后，这也是伦敦动物园的圈养动物，从照片中我们可以清楚地看到草原斑马的腿部没有条纹

AROUND THE YEAR 1885

DIXON.
58

[FIG.126]
/ PHOTOGRAPHER : FREDERICK YORK /

由弗雷德里克·约克制作的一幅卤化银明胶幻灯片的复制品，照片可能摄于 1870 年夏天。

DURING THE SUMMER OF 1870

在斑驴的研究史上，也许最重要的一位人物当属南非博物学家莱因霍尔德·劳（Reinhold Rau,1932—2006）。劳从博物馆剥制标本中提取了斑驴的组织样品。在一个制作不那么好的标本上，他提取到了斑驴的肌肉和组织，而通常情况下，在处理皮张的过程中，剥制师会将这些东西完全清除干净。正是对这些样品的分析结果，使他确信斑驴并非是一个单独的物种，而仅仅是草原斑马的一个亚种。在检查了所有证据之后，他产生了“再造”斑驴的想法。带着这个想法，他开创性地提出了一个称之为“斑驴项目”（The Quagga Project）的行动计划。到最近几年，选择性繁殖已经开始取得劳所期待的成果。对那些质疑该项目理论基础的人，劳有个简洁的回应：

> 斑驴之所以是斑驴，因为它看起来就是那样，而如果你能繁殖出一种动物（通过选择性繁殖）看起来就是那样子，那它们毫无疑问就是斑驴。

No.27

Cervus

Schomburgk's Deer

27

熊氏鹿

Nº.27

Schomburgk's Deer

Cervus schomburgki

尽管曾经相当常见，但熊氏鹿却是一种神秘的动物。全世界所有的博物馆中似乎只保存了一个标本，这就是位于巴黎的法国自然历史博物馆收藏的熊氏鹿剥制标本。同样的，全世界似乎也只有一张熊氏鹿的照片，1911年拍摄于柏林的一家动物园（另有一张声称是熊氏鹿的照片其实拍的是另一个物种）。事实上，动物园里圈养的熊氏鹿非常少，在欧洲总共不超过7只，而北美1只也没有。也没有一个欧洲人曾在泰国——熊氏鹿的大本营——或者东南亚其他地方的野外看见活的熊氏鹿。尽管如此，博物馆和私人收藏家却保存了400对之多的熊氏鹿角，而这些角也曾在中医药贸易中大量出现。那些活得最好的熊氏鹿为我们展示了其精巧绝伦的鹿角分支，它们能长出令人惊讶的分支数量。

[FIG.127]

/ PHOTOGRAPHER UNKNOWN /

一只圈养的熊氏鹿，1911 年拍摄于柏林的
一家动物园。摄影师未知。

IN 1911 AT A BERLIN ZOO

[FIG.128]
/ PHOTOGRAPHER UNKNOWN /

一张来源未知的照片，
可能是，也可能不是熊氏鹿。

MAY, OR MAY NOT

这个物种于1863年首次被科学描述，并以时任英国驻曼谷领事罗伯特·熊伯克（Robert Schomburgk）爵士的名字命名。熊氏鹿栖息在生长着竹子和长草的沼泽平原——主要分布在泰国，但可能也出现在周边国家。它们通常会避开植被特别稠密的地区。在其喜欢的生境里，数量又往往很丰富。站立时，熊氏鹿的肩高约1米，体色为巧克力棕色，并有着一对壮观的鹿角，这使它们成为猎人的目标。每当洪水泛滥时，小群生活的熊氏鹿被迫聚集到较高的地方，而这些高地常常成为“孤岛”，很容易就被手持猎枪或其他武器的人们围捕。

随后，大屠杀不可避免地发生了。但这可能还并不是它们灭绝的真正原因。不断增长的大规模水稻种植，导致熊氏鹿的栖息地被蚕食。在 19 世纪末 20 世纪初，熊氏鹿就已经变得十分稀少。

据目前所知，到 20 世纪 30 年代早期，熊氏鹿就已在野外灭绝。有一只熊氏鹿——或许是最后一只——被当作宠物养育在泰国龙仔厝府（Samut Sakhon province）的一个寺院里，它一直活到了 1938 年。有个故事说，它是在那年被当地一个醉汉杀死的。

然而，这其实并非最后一只熊氏鹿。1991 年 2 月，一对鹿角被人在老挝一家中药店里发现并拍了照片。这些药店通常有许多天然动植物，最显著的要数虎骨和碾碎的犀牛角，也常常会有鹿角。据称，这对鹿角来自附近一只前一年刚死亡的鹿，而这只鹿是熊氏鹿。假如果真如此，那么熊氏鹿显然直到 20 世纪 90 年代早期还依然存活着——但是，仅靠中药店里的一对鹿角照片而鉴定出来的结果，真的能完全令人信服吗？

28

▶ 猬羚

№.28

Bubal Hartebeest

Alcelaphus buselaphus

猬羚到底是不是一个完整的物种，这是个令人困扰的问题。许多权威人士认为它只是一种现存常见物种的一个种群，但也有一些认为它是个完全不同的物种。不过不管最终如何定论，这一种群都有着界定清晰的地理范围和历史认同。

其实，这个奇怪的名字“hartebeest”通用于多个亲缘关系比较近的物种，它们广泛分布在非洲大陆。“hartebeest”是两个南非荷兰语的组合，“hert”意思是“鹿”（deer），而“beest”（如你所料）意思是“野兽”（beast）。显然，取这个名字的荷兰裔殖民者不太清楚这些长相怪异的动物到底归属于哪一类。而单独用于这个独特物种的“bubal”一词，似乎来自希腊语，意思是“羚羊”（gazelle）或“牛”（ox）。

狷羚是唯一一种生活在撒哈拉以北的麋羚属动物，而其他所有同类都严格分布在撒哈拉以南。曾经，它们的分布范围从西部的阿尔及利亚和摩洛哥直至东部的埃及。由于这个分布区的特殊地理位置，古人对狷羚非常熟悉。埃及古墓中也曾发现过它们的角，这使人不禁猜想，古代的人们曾经驯养了它们，同时还将其作为殉葬的动物。阿尔及利亚希波皇室（Hippo Regius，位于现在的阿纳巴市）的罗马马赛克（Roman mosaics）中也对狷羚有所描绘。它们还被亚里士多德、埃斯库罗斯和老普林尼描述过。甚至在《旧约全书·列王记》（*Old Testament*, I Kings 4:23）中似乎也有提及，在书中它们的名字叫做“yachmur”，这使人们猜测，它们可能还曾生活在巴勒斯坦。

在 19 世纪末 20 世纪初，动物园曾圈养过一些狷羚，但似乎只有一只被拍过照片。这是一只雌性，1883 年至 1897 年，一直生活在伦敦动物园。照片由刘易斯·梅德兰（Lewis Medland, 1845—1914）拍摄，时间大概在 1895 年。同一只动物还作为模特，由著名野生动物画家约瑟夫·沃尔夫（Joseph Wolf, 1820—1899）绘制了画像，并由他的朋友约瑟夫·斯密特（Joseph Smit, 1836—1929）复制成平版画（见 246 页），出版在 P.L. 斯克莱特（P. L. Sclater）和奥德菲尔德·托马斯（Oldfield Thomas）编著的著名四卷本大部头《羚羊之书》（*The Book of Antelopes*, 1894—1900）中。

在同一个动物园里，还曾有另外一只狷羚，它于 1906 年到 1907 年被圈养在园中，不过好像并没有留下照片。同样没有留下照片的，还有一只生活在巴黎植物园的狷羚，而这只很可能是该物种的最后一个代表，它死于 1923 年 11 月 9 日。

在这之后，就只有一些未经证实的狷羚在野外残存的传言。比如 1925 年，一只狷羚可能在阿尔及利亚或者摩洛哥被射杀。而其他目击记录大

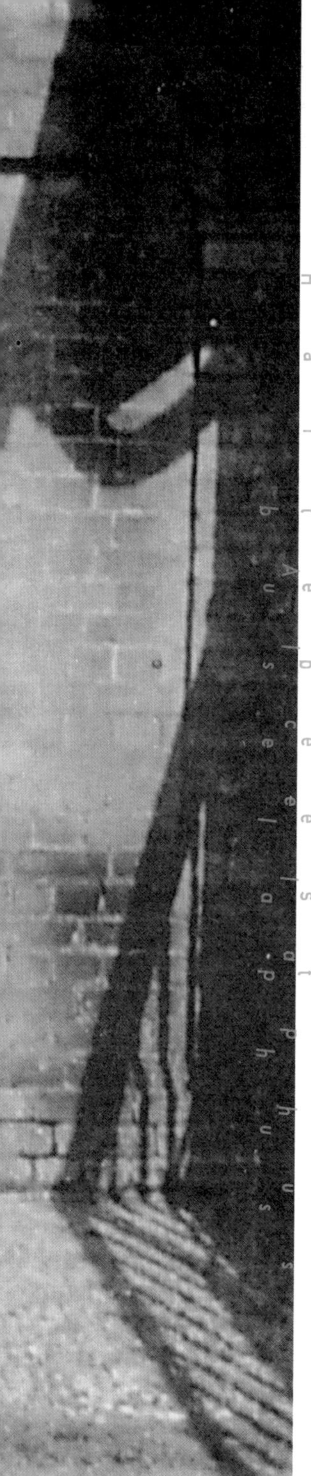

都发生在偏远的阿特拉斯山脉（Atlas Mountains）。

尽管在历史上，狷羚是十分常见的动物，但到19世纪时，它们的分布范围就已经被压缩到摩洛哥和阿尔及利亚。起初，狷羚的主要天敌是巴巴里狮（Barbary Lion），但这种狮子已在野外灭绝。而后，人类便成为更加残酷无情的敌人。人类对这片领土的血腥统治以19世纪的大屠杀而达到高潮，法国军队占领了摩洛哥和阿尔及利亚，为了娱乐和获得食物，人们对狷羚群进行了疯狂地残杀。

一份档案记录了很可能是最后一群野生的狷羚，它们于1917年被发现于阿特拉斯山脉的某个地方，总共有15只。

除了其中3只，其他所有的狷羚都被猎人杀掉了。

[FIG.129]
/ PHOTOGRAPHER : LEWIS MEDLAND /

一只雌性狷羚，1895年左右由刘易斯·梅德兰摄于伦敦动物园。

AROUND 1895 AT LONDON ZOO

Appendix —— 附 录

本书引用的动物照片对于它们所代表的物种而言，无疑是不够充分的。尽管历史故事引人入胜，但不免还是会令人失望，人们总希望能看到这些动物到底长成什么样子。有时候仅仅是因为照片只有黑白的，无法给人彩色的印象。其他情况下，则是因为照片太模糊或者离拍摄对象太远。马莫的照片（见第 159 页）就是个典型的例子。它既不清晰，又是黑白的，拍摄主体也只是个模糊的影像，但也实在没有更多活体的照片了。

这个附录存在的目的就是为了稍微弥补一下这种缺陷，以尽可能鲜明的方式。画像的复制品可以更好地展示物种的特征，特别是照片上不太明显的特征。某些画作是在该动物还尚存的时候创作的，当然要是没有这类作品的话，则只好引用更为现代的画像。

书中还有些物种的照片本身已经相当清晰，或者彩色画像并不能提供更多信息，这些物种也就没有收在此附录中，它们包括：

巨鹏鹛　大短尾蝠　阿达薮莺　加勒比僧海豹

毛岛蜜雀　白鳍豚　关岛阔嘴鹟　熊氏鹿

德氏小鸊鷉
Alaotra Grebe

布面油画（约 2009 年）
作者 Chris Rose
私人收藏
经由画作者授权使用

粉头鸭
Pink-headed Duck

水彩（约 1780 年）
作者 Musavir Bhawani Das
利物浦博物馆藏

石南鸡（左为雌性，右为雄性，正在求偶炫耀）
Heath Hens

水彩（约 1926 年）
作者 Louis Agassiz Fuertes（1874—1927）
摘自 Alfred O. Gross 的书《石南鸡》（*The Heath Hen*，1928）

威克岛秧鸡
Wake Island Rail

布面油画（1986 年）
作者 Errol Fuller
私人收藏

雷仙岛秧鸡和信天翁
Laysan Rail and albatross

纸面丙烯画（1999 年）
作者 Julian Pender Hume
私人收藏
经由画作者授权使用

极北杓鹬
Eskimo Curlews

手工上色平版画
作者J. G. Keulemans（1842–1912）
摘自 Henry Eeles Dresser 的书《欧洲的鸟类》
（*A History of the Birds of Europe*，1871–1881）

极乐鹦鹉（上雄下雌）
Paradise Parrots

水彩（1979 年）
作者 William T. Cooper
私人收藏
此画被 J. M. Forshaw 和 William T. Cooper 合著的《澳大利亚的鹦鹉》（*Australian Parrots*, 1981）一书引用

旅鸽

Passenger Pigeons

纸面丙烯画（2010年）
作者Julian Pender Hume
私人收藏
此画仿自一幅著名的19世纪版画作品，展示旅鸽的狩猎活动
经由画作者授权使用

卡罗莱纳长尾鹦鹉
Carolina Parakeet

水彩（约1801年）
作者Jacques Barraband（1768–1809）
私人收藏
一幅依据此画而复制的作品引用在 Francois Levaillant 的书《鹦鹉的自然历史》（*Histoire Naturelle des Perroquets*，1801–1805）中

笑鸮
Laughing Owls

手工上色平版画
作者J. G. Keulemans（1842–1912）
摘自George Dawson Rowley的书
《鸟类杂记》（*Ornithological Miscellany*, 1875–1878）

象牙嘴啄木鸟（左雄右雌）
Ivory-billed Woodpeckers

根据John James Audubon（1785–1851）的水彩画
由Audubon和Robert Havell（1793–1878）创作的蚀刻铜板画
摘自John James Audubon的《美国鸟类》（*The Birds of America*, 1827–1838）

帝啄木鸟（左雄右雌）
Imperial Woodpeckers

水彩（约1965年）
作者 George Sandstrom（1925–2006）
私人收藏
这种啄木鸟和前一种的外形差异非常细微，
主要的区别在于肩部的白色斑纹较窄，且不到达脸部
经由画作者授权使用

新西兰丛异鹩（上为成体，下为幼体）
New Zealand Bush Wrens

手工上色平版画
作者J. G. Keulemans（1842–1912）
摘自 Walter Buller 爵士的书《新西兰鸟类史》（*A History of the Birds of New Zealand*，1905）的附录

黑胸虫森莺（上雄下雌）
Bachman's Warblers

水彩（约 1833 年）
作者 John James Audubon（1785—1851）
纽约历史学会（New York Historical Society）藏

考岛吸蜜鸟（上为幼体，下为成体）
Kaua´i´O´os

2.

马莫
Mamos

第 159 页照片中的那只马莫是此图中下面这只鸟的模特
照片和此幅手工上色平版画均由 J. G. Keulemans（1842–1912）创作
摘自 Walter Rothschild 的书《雷仙岛的鸟类区系》
（*Avifauna of Laysan*，1893–1900）

鹦嘴管舌雀（上雌下雄）
'O'us

手工上色平版画
作者F. W. Frohawk（1861–1946）
摘自S. Wilson和A. H. Evans合著的《夏威夷鸟类》
（*Aves Hawaiienses*，1890–1899）

袋狼
Thylacines

手工上色平版画
作者Henry Constantine Richter（1821–1902）
摘自John Gould《澳大利亚的兽类》
（*Mammals of Australia*，1845–1863）

斑驴
Quagga

布面油画（约 1821 年）
作者 Jacques-Laurent Agasse（1767–1849）
来自伦敦皇家外科医学院（Royal College of Surgeons）的
亨特收藏（Hunterian Collection）

猖羚
Bubal Hartebeests

手工上色平版画
作者Joseph Smit(1836–1929)和Joseph Wolf(1820–1899)
摘自P. L. Sclater和Oldfield Thomas合著的《羚羊之书》
(*The Book of Antelopes*, 1894–1900)

Further reading —— 延伸阅读

本书正文里已经引用了许多相应主题的书籍。有些书非常罕见，或者大多数读者都无法获取，不过在网络上能看到电子版，比如 S. Wilson 和 A. H. Evans 合著的《夏威夷鸟类》（*Aves Hawaiienses*）。

Allen, Glover M. 1942. *Extinct and Vanishing Mammals of the Western Hemisphere*. New York.

Bales, Stephen Lyn. 2010. *Ghost Birds*. Knoxville.

Barnaby, David. 1996. *Quaggas and other Zebras*. Plymouth.

Bodsworth, Fred. 1955. *Last of the Curlews*. London.

Buller, Walter. 1888–9. *A History of the Birds of New Zealand*. London.

Coues, Elliot. 1874. *Birds of the North West*. Washington.

Cokinos, Christopher. 2000. *Hope Is the Thing with Feathers*. New York.

Collar, N. Gonzaga, L., et al. 1992. *Threatened Birds of the Americas, The ICBP/IUCN Red Data Book*. Cambridge.

Edwards, John. 1996. *London Zoo from Old Photographs, 1852–1914*. London.

Fuller, Errol. 1999. *The Great Auk*. Southborough, Kent.

Fuller, Errol. 2001. *Extinct Birds*. Oxford and Ithaca.

Gallagher, Tim. 2005. *The Grail Bird – Hot on the Trail of the Ivory-billed Woodpecker*. Boston.

Gallagher, Tim. 2013. *Imperial Dreams: Tracking the Imperial Woodpecker through the Wild Sierra Madre*. New York.

Gollop, J. Barry, T. and Iversen, E. 1986. *Eskimo Curlew, A Vanishing Species*. Regina Saskatchewan. 237

Greenway, John. 1958. *Extinct and Vanishing Birds of the World*. New York.

Grooch, William. 1936. *Skyway to Asia*. New York.

Gross, Alfred. 1928. *The Heath Hen*. Boston.

Guiler, Eric. 1985. *Thylacine: The Tragedy of the Tasmanian Tiger*. Melbourne.

Guthrie-Smith, Herbert. 1925. *Bird Life on Island and Shore*. London.

Harper, Francis. 1945. *Extinct and Vanishing Mammals of the Old World*. New York.

Hirschfeld, Eric, Swash, Andy and Still, Robert. 2013. *The World's Rarest Birds*. Princeton.

Hume, Julian P. and Michael Walters. 2012. *Extinct Birds*. London.

IUCN. 2011. *Species on the Edge of Survival*. Gland, Switzerland.

Jenkins, J. Mark. 1983. *The Native Forest Birds of Guam*. Washington.

Knox, Alan and Walters, Michael. 1994. *Extinct and Endangered Birds in the Collections of the Natural History Museum*. London.

LaBastille, Anne. 1990. *Mama Poc*. New York.

Milner, Richard. 2009. *Darwin's Universe, Evolution from A–Z*. Los Angeles.

Mittelbach, Margaret and Crewdson, Michael. 2005. *Carnivorous Nights. On the Trail of the Tasmanian Tiger*. Edinburgh.

Morris, Rod and Smith, Hal. 1988. *Wild South. Saving New Zealand's Endangered Birds*. Auckland.

Nowak, Ronald. 1999. *Walker's Mammals of the World*. Baltimore.

Olsen, Penny. 2007. *Glimpses of Paradise. The Quest for the Beautiful Parakeet*. Canberra.

Pratt, H. Douglas. 2005. *The Hawaiian Honeycreepers*. Oxford.

Quammen, David. 1996. *The Song of the Dodo*. London.

Rothschild, Miriam. 1983. *Dear Lord Rothschild*. London.

Rothschild, Walter. 1893—1900. *The Avifauna of Laysan and the Neighbouring Islands*. London.

Rothschild, Walter. 1907. *Extinct Birds*. London.

Schorger, A. 1955. *The Passenger Pigeon*. Madison, Wisconsin.

Shuker, Karl. 1993. *The Lost Ark*. London.

Snyder, Noel. 2004. *The Carolina Parakeet: Glimpses of a Vanished Bird*. Princeton.

Snyder, Noel. 2009. *The Travails of Two Woodpeckers: Ivory-bills and Imperials*. Albuquerque.

Stattersfield, A. and Capper, D. 2000. *Threatened Birds of the World*. Cambridge.

Tanner, James. 1942. *The Ivory-billed Woodpecker*. New York.

Thornback, Jane and Jenkins, Martin. 1982. *The IUCN Mammal Red Data Book*. Gland, Switzerland and Cambridge.

Turvey, Samuel. 2008. *Witness to Extinction. How We Failed to Save the Yangtze River Dolphin*. Oxford.

Wilson, Scott and Evans, Arthur Humble. 1890–1899. *Aves Hawaiienses*. London.

/ PHOTOGRAPHER UNKNOWN /

这是最后一只袋狼吗？也许吧。
它叫本杰明，摄于霍巴特博马里斯动物园，照片拍后不久，
它就死了，时间是 1936 年 9 月 7 日。摄影师未知。

/ PHOTOGRAPHER : DAVID FLEAY /

最后一只圈养袋狼“本杰明”，1933 年 11 月 19 日，由澳大利亚著名博物学家 David Fleay（1907–1993）摄于霍巴特的博马里斯动物园。关于这个名字“本杰明”到底是不是在它生前就取了，仍然还有争论，但不管真相如何，这个名字已经和它绑在了一起，并成为袋狼传奇故事的一部分。同样，关于这只袋狼的性别也有争议，但袋狼专家 Stephen Sleightholme 确认，这毋庸置疑是一只雄性。它们非凡的张口能力是经常被评论的一个焦点（事实上，它是已知所有哺乳动物中口裂角度最大的一种），但对其确切的原因却并不了解。不过，正当 Fleay 先生拿着他的格拉菲大画幅相机对准袋狼准备调焦的时候，本杰明从下面咬了他一口！

BENJAMIN, THE LAST CAPTIVE THYLACINE
AT BEAUMARIS ZOO, HOBART ON DECEMBER 19TH, 1933

/ PHOTOGRAPHER : FRANK HAES /

这是已知最早的袋狼照片，事实上也是摄于19世纪的唯一照片。1864年，Frank Haes拍摄了一系列动物园动物，打印出来安装在黄卡上，制作成立体图片来发行（见第205页），这就是其中之一。尽管这个系列卡片曾经广为流传，但似乎只有两张保存至今。关于这张照片，Haes这样写道：

> 我必须进入笼舍里面，这些动物野蛮、胆怯而又奸诈，带着我们跳着转了许久。饲养员对抓住一只袋狼已经彻底绝望……其中一只还用尽全力的抓我的腿。不过，最终我们还是把一只袋狼累趴下了，然后放在盘子上，尽管这并不是我最期望的位置。

这只绝望的雄性袋狼的骨架在它死后被保存了下来，如今收藏在爱丁堡的苏格兰皇家博物馆。图片经由John Edwards授权使用。

Acknowledgments —— 致 谢

作者由衷感谢所有为本书提供照片的人。尤其感谢 Nancy Tanner，她卓越的贡献对本书而言至关重要。同样要特别感谢的是 Stephen Lyn Bales, Julian Hume, Chris Rose, William T. Cooper, Don Merton, Robert Schallenburger, H. Douglas Pratt, Madeleine Thompson, John Edwards, Robert Prŷs-Jones, Martin Lammertink, Frank S. Todd, Nigel Collar, Dr. Stephen Sleightholm, Richard Thorns, Paul Thompson, Rosemary Fleay-Thompson 和 Stephen Fleay。如果有任何人觉得本书中的照片侵犯了其版权，欢迎通过出版商与作者取得联系。

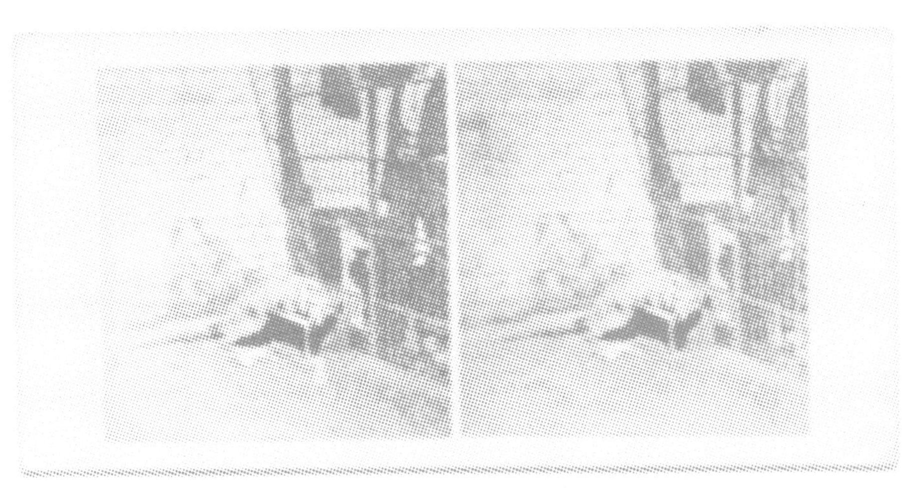

图书在版编目（CIP）数据

消失的动物：灭绝动物的最后影像 /（英）埃罗尔·富勒（Errol Fuller）著；何兵译．-- 重庆：重庆大学出版社，2018.5（2019.7 重印）
书名原文：Lost Animals: Extinction and the Photographic Record
ISBN 978-7-5689-0709-5

Ⅰ．①消… Ⅱ．①埃… ②何… Ⅲ．①动物－图集 Ⅳ．① Q95-64

中国版本图书馆 CIP 数据核字（2017）第 193072 号

消失的动物：灭绝动物的最后影像
XIAOSHI DE DONGWU
［英］埃罗尔·富勒 / 著
何兵 / 译

责任编辑　王思楠
责任校对　刘志刚
装帧设计　范一鼎 / 武思七 @ [e] De SIGN
责任印制　张　策

重庆大学出版社出版发行
出 版 人　易树平
社　　址　(401331) 重庆市沙坪坝区大学城西路 21 号
网　　址　http://www.cqup.com.cn
印　　刷　重庆新金雅迪艺术印刷有限公司
开　　本　889mm×1270mm 1/32
印　　张　8.375
字　　数　200 千
印　　次　2018 年 5 月第 1 版　2019 年 7 月第 2 次印刷
I S B N　978-7-5689-0709-5
定　　价　99.00 元

本书如有印刷、装订等质量问题，本社负责调换
版权所有，请勿擅自翻印和用本书制作各类出版物及配套用书，违者必究

© Errol Fuller 2013
Lost Animals: Extinction and the Photographic Record
is published by Chongqing University Press Co., Ltd. by
arrangement with Bloomsbury Publishing Plc.
All rights reserved

版贸核渝字（2016）第 195 号

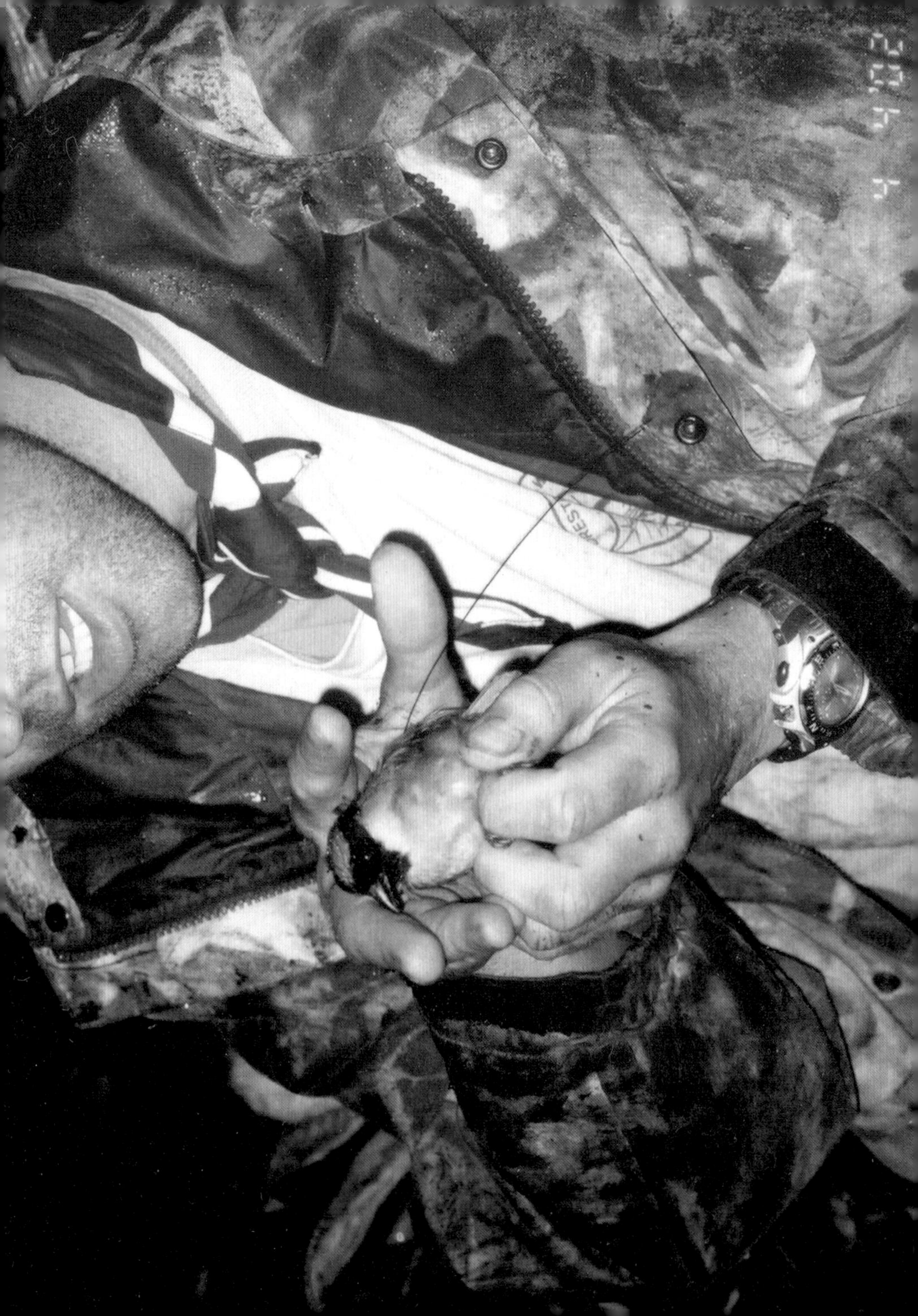